AF306323

ESSAI

SUR

LE MAGNÉTISME

la Matière

la Constitution intime de l'aimant

la Vie et l'Esprit

PAR LE

Comte DE TALHOUËT

L. BAHON-RAULT
ÉDITEUR
17-19, RUE LE BASTARD
RENNES
—
1904

ESSAI

SUR

LE MAGNÉTISME

la Matière

la Constitution intime de l'aimant

la Vie et l'Esprit

PAR LE

COMTE DE TALHOUËT

L. BAHON-RAULT
ÉDITEUR
17-19, RUE LE BASTARD
RENNES

1904

ERRATA

P. 25, 3ᵉ ligne, *au lieu de :* (fig. 2), *lire :* (fig. 3).

P. 30, 17ᵉ ligne, *au lieu de :* les extrémités libres de cet atome..., *lire :* l'extrémité libre de cet atome...

P. 47, 32ᵉ ligne, *au lieu de :* fait de la *fusion*..., *lire :* fait de la *désagrégation*...

P. 52, 8ᵉ ligne, *au lieu de :* Nous verrons..., *lire :* Nous avons vu...; même page, 13ᵉ ligne, *au lieu de:* tandis que chez le second..., etc., *lire:* nous verrons que chez le second la dissolution est intérieure et lente, et que l'atome vivant, en se désagrégeant par sa partie centrale, détermine une dématérialisation progressive de son être tout entier.

Note p. 76, 8ᵉ ligne, *au lieu de :* Et, du même coup, on voit que..., *lire :* Et, du même coup, on voit comment...; même page, même note, 9ᵉ ligne, *au lieu de:* puisqu'il y aura incompatibilité..., *lire:* puisqu'il y a incompatibilité...

Note 2, p. 84, 2ᵉ ligne, *au lieu de :* page 139..., *lire :* p. 140...

Note 2, p. 85, 1ʳᵉ ligne, *au lieu de :* dans le monde organique., *lire :* dans l'ensemble du monde organique.

P. 92, 6ᵉ ligne, *au lieu de :* d'étage,..., *lire :* s'étage,...

P. 97, 16ᵉ ligne, *au lieu de :* et l'esprit lui-même, n'est..., *lire :* et l'esprit lui-même ne sont...

P. 104, 1ʳᵉ ligne, *au lieu de :* après avoir fait naissance..., *lire :* après avoir pris naissance...

Note 1, p. 108, dernière ligne, *au lieu de :* c'était lui qui..., *lire :* c'était elle qui...

Note 1, page 121, 11ᵉ ligne, *au lieu de :* Le caractère..., *lire :* « Le caractère...

P. 126, 28ᵉ ligne, *au lieu de:* B, C, C¹, C¹¹, etc.; *lire:* B, C, D, E, etc.

Note 1, p. 127, 15ᵉ ligne, *au lieu de :* digue de sable ou carapace..., *lire :* digue de sable, carapace ou clôture,...

P. 128, 1ʳᵉ ligne, *au lieu de :* Mais plus tard..., *lire :* Puis plus tard...

Note 1, p. 130, 8ᵉ ligne, *au lieu de:* devient un cercle,..., *lire:* devient brusquement un cercle,...

Note p. 141, entre la 18ᵉ et la 19ᵉ ligne, *lire:* autour du point excentrique qu'il est, quitte à conduire l'être à la mort, l'esprit à l'erreur ou la Société à la ruine,...

Note 1, p. 142, *au lieu de:* Voyez la page 130, deuxième alinéa., *lire:* Voyez la note 2 de la page 43, deuxième alinéa.

PRÉFACE

Bien des théories ont été proposées pour essayer de résoudre cette indéchiffrable énigme que sont encore aujourd'hui la matière, le magnétisme ou l'attraction universelle. Celle que nous proposons dans le présent Essai a du moins un mérite : son extrême simplicité. Elle se différencie d'ailleurs de toutes les théories modernes par un point capital que dès maintenant nous voulons dire ici.

De tout temps la science a, tantôt à son insu, tantôt volontairement, cherché l'explication des divers phénomènes qui se passent au sein du monde dans des *vertus*, dans des *qualités inhérentes* à la matière, dans des affirmations variées de cet être omnipotent et éternel qu'elle a appelé l'atome. Nous avons pris nettement le contre-pied de cette thèse essentiellement matérialiste, et nous nous sommes appliqués à établir que si une certaine activité se manifeste dans l'univers, si la rose émet un parfum ou si les mondes s'attirent, ce n'est nullement le fait de qualités occultes, sortes d'entités, dont on se sert tout en les désavouant, *incluses dans l'atome, dans la rose ou dans l'astre*, mais la conséquence d'une véritable *destruction atomique* plus ou moins complète et plus ou moins rapide.

On le voit, rien de plus simple. C'est même là une vérité banale à force d'être claire, puisque, confirmant le principe de la conservation de l'énergie, elle revient à dire qu'aucune réalité, dans le monde de la matière, n'agit sans se détruire en tant que matière, ou, ce qui est la même chose, que la matière, non seulement ne saurait être la *cause*, mais est la négation du mouvement que, *en ébranlant* nécessairement *le milieu ambiant*, sa destruction plus ou moins complète ou plus ou moins rapide provoque : vérité importante pourtant car, en transportant la puissance *active* dans le milieu ambiant qui entoure l'atome, elle ôte du même coup à ce dernier son aspect causal, et le transforme en un simple comparse qu'il suffit de faire disparaître pour produire du mouvement et monter vers la vie.

Et ce qui étonne, ce n'est pas ce fait en lui-même, c'est que la science moderne soit, plus qu'à toute autre époque, demeurée étrangère à une pareille évidence.

Faut-il donc croire que, pour s'être rivée *a priori* à l'être tangible et être devenue *positive*, elle est, elle aussi et sans le savoir, tombée dans cette erreur tant reprochée aux anciens qui, impuissants à s'arracher à la contemplation de l'assise *visible* et *palpable* du phénomène observé, ne soupçonnèrent même pas que la cause qui fait monter l'eau sous le piston de la pompe aspirante est partout *sauf là justement où se produit le phénomène?* Faut-il croire que « la Science » a pris pour cause ce qui n'est que le manque, l'absence de la cause qui produit l'effet constaté? Faut-il croire enfin que l'ironie des choses, toujours prête à se rire des affirmations hautaines, et dont l'invisible action transforme volontiers en pics dénudés et stériles les points culminants, a une fois de plus remporté une victoire décisive? Et, pour tout dire d'un mot, faut-il penser que le positiviste n'est, à tout prendre, qu'un homme redevenu enfant? Du moins, à regarder l'enfant, on serait tenté de l'admettre puisque, par une pente native de son esprit naissant, plus impressionné par le fait qu'ému par un principe trop haut pour qu'il y atteigne, il est invinciblement porté à prêter aux choses l'activité qui les meut, par exemple à localiser dans le timbre même de la sonnette électrique la cause, qui pourtant ne la met en mouvement que parce qu'elle lui demeure extérieure et distincte. Pour lui c'est le rocher, simple obstacle cependant au mouvement invisible du flot, qui secrète l'écume, comme pour le positiviste, c'est la cellule nerveuse, que seule il peut voir, qui élabore la pensée.

Et qui sait si ce n'est pas là aussi la raison pour laquelle, ne voulant pas avoir à connaître de cette sorte d'esprit de l'univers cosmique qu'on a appelé l'*éther* et que, d'ailleurs, sous prétexte sans doute qu'il demeurait en dehors des prises de nos sens, on a nié pendant des siècles, « la Science » s'est obstinée à chercher *dans* la matière pondérable, c'est-à-dire dans un élément qui, en définitive, est la suprême objection de l'esprit et la négation même de toute fécondité, la source des êtres et l'origine des mondes. Mieux inspiré, Claude Bernard avait su éviter une pareille erreur lorsqu'il écrivait que « la matière *n'engendre pas* les phénomènes qu'elle manifeste. »

Mais alors toute la question est donc de savoir si c'est le rocher qui, en actualisant une vertu latente jusque-là cachée dans son sein, marque au loin et sans le concours d'une vague *trop lointaine pour être aperçue*, l'océan d'un point blanc, ou si, simple chose inerte et morte se dressant en face d'un invisible mouvement, le rocher n'est que la négation d'une activité qu'il *conditionne* mais ne *produit* pas. Toute la question est de savoir si l'atome est une puissance active capable, *en s'affirmant lui-même*, de produire le mouvement, de former un tout ou d'engendrer la vie, ou s'il n'est que le piédestal sans vie comme sans lien d'une idée ou d'un tout impuissants encore à se supporter eux-mêmes. Toute la question est de savoir si la matière, atome, bloc de granit ou masse de chair, enfante la vie, puis l'esprit, ou si l'esprit naissant, en se laissant hypnotiser par elle et en acceptant son joug, a bientôt fait de prendre pour la lumière l'ombre grandissante de cette masse opaque, qu'on ne nous dit courir vers le progrès que parce qu'elle grandit toujours davantage à mesure qu'elle s'éloigne du soleil qui l'éclaire.

Et, pour d'un mot caractériser la méthode positive, toute la question est de savoir si, parce que l'être matériel ou l'objet d'expérience sont indispensables au développement d'une idée ou d'une science qui ont encore besoin de points d'appui, le savant nécessairement pesant et incapable de planer dans l'espace — ce qui, à aucun point de vue, ne saurait être un titre de gloire — doit seulement poser les pieds sur l'objet d'expérience qui le sollicite et l'attire, ou s'il doit, pour ne pas perdre son contact, marcher la tête en bas.

Telles sont, décrites en quelques lignes, les deux faces de cette médaille, éternel sujet de disputes pour les philosophes et les savants, sur laquelle se trouve gravée toute l'histoire de l'humanité : tenants du matérialisme — ou, ce qui est tout un, du positivisme — c'est-à-dire exaltation d'une matière divinisée, d'une part ; affirmations du spiritualisme, c'est-à-dire résorption et élimination d'une matérialité native considérée comme un péché originel qu'il faut *effacer* pour faire place à l'esprit, d'autre part.

Deux idées maîtresses domineront tout le débat :

1° Non seulement une partie quelconque — et, par partie, nous entendons tout ce qui tombe sous les sens — ne contient pas l'être total dont elle est une manifestation particulière, mais elle ne contient ni sa propre cause, ni la cause du mouvement ou de l'activité qu'elle produit, et dont toute la raison d'être tient en dernière analyse à ce que l'élément matériel est susceptible de se dissoudre. Et, comme corollaire, toute partie, tout élément tangible est excentrique à l'être qu'il manifeste.

2° La dualité est un fait constant dans l'univers, et cette dualité est telle que chaque partie, chaque élément d'un même tout doit à une autre partie ou à un autre élément du même tout son être et l'activité qu'il produit. Et cela, soit qu'il s'agisse de deux atomes intimement unis dans un même tout, soit qu'on oppose, d'une part, un binôme formé par deux atomes, d'autre part, l'ensemble des autres binômes du même tout, soit qu'on mette en parallèle deux êtres complémentaires entièrement autonomes, soit qu'on ait en vue ces deux termes généraux qui, à eux deux, constituent la totalité du monde visible : Matière pondérable, d'une part, Matière impondérable, c'est-à-dire *éther*, d'autre part.

Or, encore une fois, cette conception du monde est le contre-pied formel des idées, aujourd'hui classiques, reçues dans le monde savant.

Voyons donc qui a raison. Voyons si l'univers peut s'expliquer en partant d'un principe diamétralement opposé au principe universellement admis à notre époque. Voyons enfin si, en admettant que, non seulement l'élément matériel — et d'une manière générale l'être tangible — *ne contient pas en soi* les propriétés qu'il se plaît à étaler au dehors, mais qu'il ne peut agir qu'en se détruisant et qu'en effritant sans cesse un réalisme grossier et primordial, le sphinx, toujours prêt à se rire de nos efforts — et qui d'ailleurs, peut-être parce que notre main trop petite ne peut le saisir des deux côtés à la fois, s'enfuit, chassé par la main même qui veut s'en emparer — se laisse mieux toucher du doigt. Si nous y parvenons, nous aurons par là-même montré pourquoi « la Science » en est encore de nos jours à ignorer l'essence et l'origine, l'alpha et l'oméga des êtres que, dans son autoritarisme intransigeant, brutal et arbitraire, elle prétend, sabre au clair, aujourd'hui gouverner.

Toutefois un dernier mot :

Nous avons pris l'aimant pour assise d'une idée obligée, pour s'exprimer au dehors, de s'incarner en une forme tangible, et nous avons essayé d'établir que non seulement un tout quelconque et en particulier l'aimant n'est pas la *résultante* de propriétés *inhérentes* à ses différentes parties, mais qu'il n'a d'existence qu'autant qu'il coordonne des éléments qui, isolés et livrés à eux-mêmes, se détruiraient.

En d'autres termes, nous nous sommes appliqués à montrer que chaque *partie* du tout qu'est l'aimant, est en soi essentiellement *étrangère* à la situation et à l'être qu'elle a dans le tout, et que par conséquent elle ne contribuera à l'édification de ce tout qu'autant qu'elle se détruira. Et partis de là nous avons tâché d'atteindre jusqu'à l'esprit.

Mais peut-être nous accusera-t-on d'avoir attaché à la fortune de ce si mince objet qu'est l'aimant une idée trop haute. Notre excuse sera que si l'esprit humain est né sur une planète extérieure au centre du système planétaire, simple atome perdu au sein de l'immensité, il semble qu'il y ait là la preuve que toute pensée doit d'abord s'appuyer sur quelque chose de solide et plus ou moins éloigné de son centre, dont l'existence serait incompatible avec l'état de fusion trop avancé du foyer central.

. Dans le premier chapitre nous verrons que la *dissolution*, la *destruction* de la matière est la condition *nécessaire* de toute activité, de tout mouvement, et nous poserons les premières bases de l'antagonisme qui existe entre les différentes parties constitutives d'un tout et ce tout.

Dans le chapitre second nous essayerons de dire ce qu'est l'organisation dans un corps inorganique, et nous prendrons pour type l'aimant qui nous amènera tout naturellement à l'organisation chez l'être vivant.

Dans le chapitre III, nous entrerons dans le détail de l'organisation chez l'être vivant, et nous montrerons ce qui différencie la vie de l'organisation cosmique ou inorganique.

Dans le chapitre IV, nous verrons le rôle de la vie dans le monde, et comment elle monte vers l'esprit.

Dans le chapitre V, nous tenterons une rapide synthèse de l'univers.

Enfin, dans le chapitre VI, nous donnerons les raisons pour lesquelles le positivisme a entièrement échoué dans ses tentatives d'explication du monde organique et inorganique.

ESSAI SUR LE MAGNÉTISME

la Matière,

la Constitution intime de l'aimant, la Vie et l'Esprit

CHAPITRE I

LA MATIÈRE ET L'ATTRACTION

Rien peut-être dans l'univers n'a une action comparable à celle de l'attraction universelle et rien pourtant n'est plus inconnu. On dirait que les choses ont à cœur de se dérober à nos investigations à mesure qu'elles prennent plus d'importance.

Serait-ce donc là une loi? Essayons de le savoir, et pour cela opposons tout d'abord l'une à l'autre la Matière, c'est-à-dire la *partie visible* des mondes, et l'attraction, c'est-à-dire cette *force invisible* qui paraît en être le lien.

Brusquant les choses, quitte à voir plus tard si les faits observés donnent créance à une telle hypothèse, admettons donc tout d'abord que, comme certains physiciens l'ont pensé, chaque atome matériel n'est autre chose qu'une torsion de l'éther (1), autrement dit du mouvement enroulé en spirale et plus ou moins comprimé. Puis, partant de là, supposons que l'attraction n'a elle-même d'autre cause qu'un *vide relatif*

(1) Dire que l'atome matériel est une torsion de l'énergie originelle n'est pas une nouveauté. On trouve en effet, vaguement exprimée, cette théorie de l'atome-tourbillon chez Hobbes et Malebranche, et, de nos jours, sir W. Thomson voit dans les atomes de petits tourbillons annulaires qu'il appelle des *vortex*.

entre deux atomes qui se désagrègent, et dont les ondes, dont les ions de signes contraires produisent, en s'unissant, une interférence énergétique, c'est-à-dire un vide relatif en un point quelconque de la ligne qui les joint.

Dans ces conditions, il est visible que si nous mettons en face l'un de l'autre deux atomes ainsi constitués, ils se placeront de manière que leurs extrémités libres se fassent vis-à-vis, *et ils s'attireront de biais* puisque, pour satisfaire l'affinité qui tendra à combiner les ondes émises par les deux atomes en présence — ondes, ou si l'on préfère ions, qui ne pourront se détacher de l'atome et s'écouler dans le milieu ambiant pour s'y neutraliser que par l'extrémité libre, extérieure, de la spirale atomique (1), — leur force attractive devra nécessairement agir suivant une tangente (fig. 1).

Et alors, si rien de plus ne survient, les deux atomes en présence finiront par se détruire entièrement, et bientôt le monde tangible lui-même aura cessé d'exister.

Mais, d'autre part, il est non moins visible que cette attraction *de biais* viendra elle-même s'opposer presque aussitôt à la fusion réciproque, à la neutralisation des mouvements qui, enroulés en spirale, constituent les deux atomes conjugués. Par suite de la vitesse acquise, ceux-ci, après s'être heurtés, dépasseront en effet leurs points attractifs, et tendront ainsi à prendre un mouvement de libration ou même de rotation (2) qui, en

---

(1) Nous ne pouvons entrer ici dans des détails qui nous entraîneraient trop loin. Notons cependant que chaque spirale atomique, c'est-à-dire chaque atome sera lui-même formé d'un certain nombre d'éléments plus petits, d'ions si l'on veut, disposés comme nous l'indiquons à la figure ci-jointe.

Dans ces conditions l'ion situé en A, à l'extrémité extérieure de la spirale atomique, pourra évidemment se détacher de l'atome plus facilement que tous les autres ions. Ce sera donc toujours par là que la destruction atomique s'opérera.

(2) Remarquons dès maintenant que le mouvement de libration ou de rotation propre à tous les corps sans exception s'explique très bien si l'attraction moléculaire a lieu de biais, suivant une tangente, tandis qu'il demeure tout à fait inexplicable si l'attraction a lieu de centre à centre.

même temps qu'il les comprimera, empêchera leurs extrémités libres de demeurer en face l'une de l'autre, *seule position cependant favorable à leur lente désagrégation.* En d'autres termes, les deux extrémités libres des atomes-spirales, au lieu de continuer à se faire face, tout en pouvant osciller légèrement autour de cette position, — ce qui permettait des échanges constants entre les deux atomes, et par là une destruction *continuelle* de leur substance, — prendront une position transversale qui, comme nous allons le voir, deviendra définitive, si les deux atomes sont au même moment pressés de part et d'autre par d'autres atomes.

Et du même coup, non seulement la désagrégation des atomes-spirales conjugués se trouvera enrayée, mais ces derniers, étant comprimés plus fortement les uns contre les autres, se *condenseront* et par là *s'affirmeront* de plus en plus atomes matériels.

Autrement dit enfin la disposition indiquée dans la figure 1 et dans laquelle les extrémités libres des atomes conjugués se font face, — ce qui, encore une fois, permet une lente désagrégation des deux atomes, — se transformera et deviendra celle indiquée dans la figure 2, dans laquelle les extrémités libres des atomes conjugués se trouvent de part et d'autre de la ligne qui joint leurs centres.

Fig. 2

Et de là un arrêt ou du moins un ralentissement dans la désagrégation atomique.

Ainsi donc, d'une part l'attraction moléculaire tendra à désagréger chaque atome, sera l'expression même de sa désagrégation, et, d'autre part, en le comprimant, elle l'assoiera dans son individualité impénétrable et résistante. *Ce sera parce qu'ils sont susceptibles de se désagréger que les atomes s'attireront, et, en s'attirant, ils tendront à prendre une position qui mettra, momentanément du moins, fin à leur désagrégation.* En un mot, le monde atomique, le monde matériel, sera l'équilibre qui résultera de deux tendances contraires : l'une qui, livrée à elle-même, conduirait à la fusion totale de chacun des éléments dont se compose l'univers, c'est-à-dire au néant ; l'autre qui, agissant seule, enfanterait une multitude d'atomes épars absolument rigides, indestructibles et partant sans affinité entre eux.

Toutefois, il reste bien entendu que ni l'un ni l'autre de ces deux états ne pourra *seul* se maintenir dans la réalité. Pour le premier, cela est évident; pour le second, cela ne l'est pas moins, puisque, dans ce cas, les atomes ne se détruisant plus et par là même ne s'attirant plus, n'étant plus, par conséquent, pressés les uns contre les autres, se détruiront à nouveau et feront du même coup retour vers l'état premier qui, nous venons de le voir, est le néant. Et de là il suit que l'univers tangible est fait de deux tendances vers le néant, qui n'enfantent deux réalités distinctes que parce qu'elles s'opposent constamment l'une à l'autre.

Mais avant d'aller plus loin, il nous faut insister sur cette désagrégation atomique qui serait la seule cause de ce phénomène si mystérieux qu'est l'attraction moléculaire : phénomène, hâtons-nous de l'ajouter, qui n'est peut-être bien encore aujourd'hui si mystérieux que parce que l'école moderne, pour obéir à des théories aprioristiques, qui d'emblée posent en principe l'éternité et l'indestructibilité de la matière, se plaît à faire de l'attraction — et ici nous avons en vue aussi bien l'attraction cosmique que l'attraction moléculaire — une propriété élémentaire et fondamentale de l'atome, « une qualité, une vertu *inhérente* à la matière », au lieu d'en chercher la raison d'être tout simplement dans le *vide* produit par la *destruction* plus ou moins complète de l'élément matériel (1).

Qu'on nous permette donc ici une vue générale, trop concise peut-être pour n'être pas tronquée, mais nécessaire en face des tendances actuelles.

(1) Dans la numéro du 8 novembre 1902 de la *Revue scientifique*, nous trouvons pourtant à la page 578, sous la signature de M. Gustave Le Bon, le passage suivant qui montre que de nouvelles vues tendent à percer dans le monde savant : « Le dogme de l'indestructibilité des atomes, que Lavoisier semblait avoir établi pour l'éternité sur d'inébranlables bases, est en voie de s'évanouir. La séparation du pondérable et de l'impondérable, qu'un illustre chimiste déclarait tout récemment, en inaugurant la statue de Lavoisier, constituer une des plus grandes découvertes de tous les temps, est en voie également de s'évanouir. » (Voyez l'Appendice I.)

On a dit que le monde matériel, et du reste aussi le monde de l'esprit, n'était rien autre chose que du mouvement, et on a fait de cette affirmation la base d'une théorie scientifique plus ou moins apparentée à la théorie aujourd'hui connue sous le nom de théorie cinétique. Or, dès maintenant, il saute aux yeux qu'il y a dans cette conception du monde, et en tant qu'elle se donne pour une explication adéquate et complète de l'univers, une impossibilité radicale.

Il est en effet trop clair que du mouvement qui ne serait que du mouvement pur, c'est-à-dire sans support, qui ne serait, par conséquent, que du mouvement en marche et sans potentialité d'aucune sorte, qui serait enfin infini, serait par là même incompréhensible et insaisissable, et ne pourrait avoir aucune existence réelle. A supposer même qu'il puisse, pour un instant, prendre pied dans la réalité et revêtir l'état dynamique, il retomberait fatalement l'instant d'après dans l'état statique, qui est le néant.

Mais si le monde n'est pas du mouvement pur, du mouvement essentiellement et uniquement en marche, tout donne à penser qu'il est, dans sa partie tangible et saisissable, du mouvement pris au piège, engagé dans une impasse et *qui se débat* pour recouvrer sa liberté momentanément enchaînée dans des combinaisons matérielles, mais qui est lié de telle manière qu'il s'entrave lui-même en voulant se désagréger. Et alors, si d'un côté sa substance se subtilise et s'universalise, de l'autre cette même substance se matérialise, se différencie et se solidifie. D'une part elle se raréfie et se rapproche du mouvement pur, de l'autre elle se condense et s'alourdit.

Et ainsi, l'univers demeure lui-même matériel, palpable et inerte dans la mesure où le mouvement qui le constitue est entravé, tandis qu'il est, soit du mouvement proprement dit, soit de l'éther, dans la mesure où ce qui lui conserve sa réalité tangible recouvre sa liberté et brise plus ou moins ses liens.

C'est dire que chaque fois que du mouvement, brisant les filets qui l'enserrent, parvient en partie à se dégager, il laisse nécessairement un résidu plus dense, plus stable que le corps primitif, plus difficile par conséquent à désagréger, plus tenace aussi dans sa caractéristique matérielle, et qui, peu à peu, devient l'assise de l'univers visible (1). Or telle est bien, d'une façon absolument générale, la manière d'être des différentes énergies qui se manifestent autour de nous : tel, en effet, l'acrobate qui presse d'autant plus le sol qu'il bondit lui-même plus haut ; telle aussi la combinaison chimique qui, si elle produit au dehors du mouvement sous forme de chaleur, laisse un résidu d'autant plus stable, d'autant plus difficile à rompre que la quantité de chaleur dégagée est plus considérable (loi de M. Berthelot) ; telle la nébuleuse originelle qui, pendant qu'elle engendrait ce mouvement infiniment subtil qu'est l'éther, produisait ce résidu plus dense que sont les astres ; tel encore le savant qui, s'il jette un peu de lumière sur la science, laisse trop souvent se former en lui un principe résistant qui s'opposera bientôt à l'acceptation

(1) Il ne faudrait pas, répétons-le, tomber dans ce travers qui consisterait à croire qu'il existe d'une part du mouvement pur, de l'autre de la matière absolue. Nous décomposons ici les deux formes de l'énergie, qui constituent l'univers, mais, dans la réalité, ces deux formes ne sauraient subsister indépendamment l'une de l'autre. Car, d'une part, l'atome matériel résistant, l'être différencié, si l'on veut, n'existerait pas sans le mouvement originel, sans l'agent indifférencié dont il a fait son étoffe en le tordant, autrement dit il est seulement du mouvement enrayé et tordu ; et d'autre part le mouvement en soi, la substance amorphe dont toutes choses sont faites ne pourrait se maintenir ni dans le temps ni dans l'espace sans l'atome matériel, sans l'être différencié qui est son support et son point d'appui. Le mouvement pur ne serait alors que l'état de fusion parfait, c'est-à-dire le néant. Et en effet les ondes sonores ne sont pas l'air qui les transmet, et cependant elles n'auraient aucune existence sans lui ; il en est encore de même des ondes lumineuses par rapport à l'éther.

Mais si le mouvement a besoin, pour se produire, d'un milieu matériel, d'un milieu ayant une certaine densité, c'est-à-dire d'un milieu *résistant*, c'est donc que tout mouvement n'a lieu qu'autant qu'il existe en avant de lui une *barrière, un obstacle*, une *puissance oppressive* enfin sur laquelle il prend appui, et dont, *ironique*, il fait son véhicule. Et, par conséquent, bien loin que cet obstacle — objet matériel ou tyran — lui fasse éprouver une diminution dans son être, il lui est nécessaire, il assure son triomphe et il devient son marchepied. Donc *pas d'obstacle, pas de mouvement*, ou ce qui, du moins à en croire la scolastique, est un peu la même chose, *pas d'obstacle, pas de vie*, et par là pas d'esprit.

Et du même coup nous voilà aux antipodes des tendances modernes et « des efforts dispersifs d'un régime de Liberté ». Il faut à tout prix, nous dit-on, jeter bas tout obstacle ; au nom des faits les plus solidement assis on doit répondre : *pas d'obstacle, pas de progrès*.

des idées nouvelles : tel le positivisme qui, en s'isolant, grâce à ses tendances analytiques, de plus en plus de toute idée syn‚ thétique, a fini par croire que la science vraie, c'est-à-dire la vérité totale, n'est autre chose qu'un amas de vérités partielles, et qui, faute d'un principe universel capable de *fusionner* ces morceaux de vérité en une loi générale, s'est ainsi figé dans une immobilité stérile, faite d'erreurs et d'obstination (1) ; tel aussi ce déséquilibré, si commun à notre époque, chez lequel un véritable dédoublement de la personnalité lance la pensée hors de lui, en plein idéal, pendant que, en se laissant aller à tous les excès, il provoque lui-même la séparation de son être matériel et de l'énergie éthérée qui l'animait ; et tels enfin, *mais sans que la rupture soit aussi prononcée*, la cellule vivante ou l'être vivant qui, tandis qu'ils élaborent leurs plasmas ou leurs tissus, sécrètent soit un noyau solide, soit un squelette résistant (2).

(1) Chose curieuse, nul n'a élevé une critique plus sévère contre la méthode analytique, qui a prévalu aujourd'hui, que M. Renan, qu'on nous donne pourtant pour un disciple convaincu du positivisme. Nul n'a rappelé en des termes plus énergiques que l'étude sèche et terre à terre des phénomènes ne peut qu'atrophier l'esprit humain et lui ravir sa fécondité : « Seule, dit-il, elle (l'analyse) ne saurait rien créer. Habile à décomposer et à mettre à nu les ressorts secrets du langage, elle est impuissante à reconstruire l'ensemble qu'elle a détruit si elle ne recourt pour cela à l'ancien système, et ne puise dans le commerce avec l'antiquité, l'esprit d'ensemble et d'organisation savante. » (*L'Avenir de la science*, p. 209). Et plus loin : « L'analyse ne sait pas créer. Un homme simple, synthétique..., est plus puissant pour changer le monde et faire des prosélytes que le philosophe inaccessible et sévère... L'humanité ne sera savante que quand la science aura tout exploré jusqu'au dernier détail, et reconstruit l'être vivant après l'avoir disséqué... Alors apparaîtront de nouveau de superbes types du caractère humain qui rappelleront les merveilles des premiers jours. Un tel état semblera un retour à l'âge primitif. » (*Ibid.*, p. 309).

(2) On comprend bien que le mal, la mort, c'est justement cette séparation toujours plus ou moins brutale des deux agents : l'un capable de supporter l'énergie, l'autre susceptible d'animer cette chose inerte qui est son support ; le bien, la vie étant au contraire l'union lente et intime des deux, l'incarnation du principe vital, c'est-à-dire divin, dans l'agent matériel, la non-séparation, — du moins absolue et qui caractérise l'être vivant, — de l'immatériel, c'est-à-dire de l'idée créatrice et directrice, et du matériel, c'est-à-dire de l'être saisissable aux sens, mais en soi, *et dans la mesure même où il est visible*, essentiellement stérile.

En d'autres termes, l'univers tout entier reposera sur une dualité contradictoire dont la somme algébrique donnera zéro : état de presque fusion, c'est-à-dire monde invisible et éther d'un côté; état différencié, c'est-à-dire monde visible de l'autre.

Et non seulement les deux termes généraux de l'univers seront essentiellement contradictoires dans leur existence, mais l'état différencié, le monde visible, ne prendra lui-même forme qu'autant que la substance amorphe, qui est son substrat, enfantera, pour sortir du néant, deux êtres phénoménaux qui, eux aussi, seront nécessairement contradictoires entre eux. Car il est impossible que, dans le monde des choses, à un pôle ne réponde pas un autre pôle de nom contraire, à un côté droit, un côté gauche, à un point du globe terrestre qui se meut en un sens, un point situé à ses antipodes qui se meut en sens inverse (1), et qui, additionné avec lui, donnerait comme somme zéro. Enfin ces êtres phénoménaux complémentaires, gênés, comprimés par les êtres phénoménaux voisins, ne pourront fusionner, ils s'opposeront sans pouvoir s'anéantir, et, *malgré eux*, conserveront ainsi leur réalité palpable.

En définitive, l'univers sera donc un tissu de contradictions; il sera un amas de pierres formant voûte qui, *en se comprimant les unes les autres*, se soutiendront dans le monde de la réalité tangible, *et il ne demeurera matériel, réel, que par ces contra-*

(1) Ce serait là l'explication de la tendance au dédoublement qui peut être considérée comme une tendance absolument générale de la nature, soit qu'elle coupe en deux la vie elle-même et qu'elle oppose la vie centrifuge du végétal à la vie centripète de l'animal, ou un sexe à un autre sexe, soit qu'elle divise la substance capable de l'univers en pondérable et en impondérable, soit qu'elle sépare la matière cosmique en planètes et en soleils, soit qu'elle détermine les deux pôles d'un aimant, soit que, comme nous l'avons supposé, elle oppose une spirale atomique à une autre spirale atomique, soit enfin qu'elle instaure toutes choses de manière que « tout organisme disposé asymétriquement dans sa totalité ou dans un groupe de ses parties, trouve un organisme autre, de même espèce, qui est son image complète et qui est disposé et développé symétriquement dans son entier par rapport à lui (*) »; ce qui prouve bien que ces organismes ont pris naissance sur un tronc commun, et que chacun d'eux, pour être aujourd'hui autonome, n'en est pas moins une des moitiés ou des parties d'une même souche originelle.

(*) Communication faite par M. le docteur Guillemin, au Congrès des Sociétés savantes, le 1ᵉʳ avril 1902..

dictions. Contrairement par conséquent à l'essence de l'esprit qui, lui, est justement ces mêmes contradictions, mais entièrement dissoutes, fondues en un tout parfaitement *un*, et par là, matériellement parlant, *incolore* (1), c'est-à-dire immatériel, et qui alors devient capable de les voir d'un même coup d'œil, de les *comprendre* en un même point, sans étendue comme sans durée, de l'espace et du temps, et, dans la mesure même où il est *un*, de les saisir enfin dans leur cause et dans leur raison d'être, l'univers matériel sera ces mêmes contradictions à l'état de « contradictions inconciliées » et de phénomènes épars.

Il sera, pour tout dire d'un coup, l'équation posée $A = A$, il ne sera pas l'équation résolue $A - A = 0$ (2).

(1) Qu'on nous permette ici une remarque qui montrera combien il faut se méfier des mots. C'est aujourd'hui une habitude dans le monde savant d'appeler *incolore* la lumière blanche, et de considérer comme *privé* de couleurs cela même qui, contenant l'ensemble des couleurs, en est nécessairement la synthèse. Or on sait ce qu'on veut dire quand on parle d'un style incolore. Comment donc en est-on venu à employer le même mot pour désigner un quelque chose qui, non seulement ne pèche pas par défaut, mais n'est incolore que parce qu'il est tout à la fois le oui et le non de chacune des couleurs qu'il contient? Et l'erreur ne serait-elle pas formidable si, sous prétexte que l'esprit, justement parce qu'il est, lui aussi et tout à la fois, le oui et le non de chaque chose, n'est pas perceptible aux sens, le philosophe en venait à le traiter comme traite la lumière blanche le vulgaire toujours en quête de couleurs éclatantes et heurtées?

(2) Nous ne voulons pas greffer une étude métaphysique sur une digression déjà trop longue. Pourtant, peut-être, le lecteur aura-t-il la curiosité de se demander quelle différence il y aurait, en partant de là, entre l'esprit et l'univers supposé résolu, unifié, c'est-à-dire tel que toutes les contradictions dont il est formé, et nécessairement affectées de signes contraires, se soient détruites deux à deux, donnant ainsi l'égalité : Univers = zéro? quelle différence, autrement dit, il y aurait entre le néant et l'esprit? Nous nous contenterons ici de lui répondre que l'esprit vu dans sa perfection et en dehors des conditions requises pour l'être vivant, c'est-à-dire parfaitement *un* tout à la fois dans son essence et dans son existence, dont, en d'autres termes, l'essence ne se serait pas dédoublée soit en deux personnes distinctes, soit en deux agents distincts s'opposant l'un à l'autre et *se conservant l'un par l'autre* — un peu comme l'éther qui, croyons-nous, ne demeure une réalité que grâce à l'univers tangible, qui de son côté ne se conserve tel que grâce à l'éther — ne serait qu'un pur néant. Et ceci explique du même coup comment, par une marche lente mais parfaitement logique, le Dieu absolu et *Un*, tout à la fois dans sa personne et dans son essence, de certains philosophes spiritualistes, est devenu le Dieu-Néant de Hegel et du positivisme contemporain.

Or de là toute une théorie, fort ancienne du reste, et qui est la négation même du positivisme contemporain.

Il est trop clair en effet que, si chaque élément matériel ne demeure dans le domaine de la réalité que *grâce aux autres atomes matériels* qui, en le comprimant, lui assurent une individualité distincte et persistante, c'est donc que, bien loin de pouvoir agir à l'extérieur en prolongeant son *moi* au dehors, cette *cause* qui le maintient dans la réalité ou qui lui donnera l'apparence de l'activité, est — comme, par exemple, la cause de l'ascension de l'eau sous le piston de la pompe aspirante — *partout sauf là où il est lui-même*. Et, par conséquent, non seulement l'atome *ne possède pas* en propre une sorte de pouvoir créateur, non seulement il n'enferme pas en son sein le principe de son être et de ses opérations, mais c'est uniquement parce qu'il ne peut pas obéir à la tendance qui est le fond même de son être, qui est sa seule propriété et son instinct propre, parce qu'il se heurte à des obstacles sans cesse renaissants et qui s'opposent à ce vers quoi *par nature* il tend, c'est-à-dire à s'ouvrir, à se développer, à s'étendre outre mesure et à se détruire, qu'il demeure une réalité tangible, susceptible d'entrer dans la composition d'un tout ou de devenir objet d'expérience.

En un mot, il est par essence la contradictoire du tout qu'il formera, mais auquel il demeurera complètement étranger.

Et alors on comprend que si l'instinct, cette tendance inconsciente, qui, dans le monde organique, se détruit également, momentanément du moins en se satisfaisant, en donnant libre cours à son appétit natif, — puisque, par exemple, après avoir mangé, l'animal n'a plus faim — loin d'être un élan vers l'être, est un premier pas fait vers le néant de ce même être, il n'en va pas autrement dans le monde inorganique. De même, en effet, que l'animal qui a pu satisfaire entièrement son instinct ou son désir retombe dans l'inertie, dans le rien, quant à cet instinct ou quant à ce désir, — instinct ou désir qui ne renaîtraient jamais si d'autres énergies ne venaient faire disparaître l'auto-intoxication, c'est-à-dire la satiété produite par la possession entière de l'objet convoité, — de même l'atome qui pourrait donner libre cours à sa tendance foncière et s'unir au seul objet qu'il convoite, le rien, retomberait lui-même dans le néant (1).

Bref, l'atome, comme un grand nombre de nébuleuses connues et aussi comme tant d'êtres vivants qui tous montrent plus ou

(1) Il existe une croyance, aujourd'hui universellement répandue, qui consiste à admettre que c'est parce que les choses aspirent à la vie, *possèdent* en propre un désir vital latent, qu'elles se meuvent, s'associent et engendrent le progrès et la vie. C'est là une profonde erreur, et qui est d'autant plus dangereuse qu'elle est la base même de toutes les théories transformistes qu'on nous donne actuellement pour l'explication rationnelle du monde. La vérité est, en effet, tout autre, et pas n'est besoin d'une bien longue attention pour voir que si les choses se meuvent et enfantent le progrès, ce n'est nullement parce que *chacune* d'elles tend vers le mieux et à la limite vers l'esprit, mais, au contraire, et si paradoxal que cela puisse paraître, parce que, assoiffée de néant, elle cherche invinciblement et fatalement son lieu de repos. Quant à la vie, quant à l'énergie capable, si elle est définitivement victorieuse des forces purement matérielles, de se prolonger indéfiniment dans le temps, elle est cette puissance spirituelle, cette idée consciente qui se sert de la force mécanique engendrée par une tendance purement destructive et inconsciente, et qui, en l'empêchant d'atteindre son but ultime, le néant, la maintient ainsi, *malgré elle*, dans la réalité.

Il était bon de signaler en passant cette erreur capitale qui, en définitive, équivaut à dire que si une maison se tient debout, c'est parce que ses différentes *parties*, les pierres dont elle est faite, possèdent une *vertu élévatoire* qui, additionnée avec d'autres vertus de même ordre, finirait nécessairement par engendrer ce *tout* qu'on appelle une maison. Or, évidemment, rien n'est plus faux, puisque si la maison a une certaine stabilité, elle la doit au poids de chaque pierre, c'est-à-dire à une vertu propre à chaque pierre et qui se trouve être en pleine contradiction avec ce qui précisément constitue la maison elle-même, la situation élevée des pierres qui la forment. Et de là un antagonisme profond entre les parties constitutives d'un tout et ce tout considéré dans sa totalité. Antagonisme profond, par exemple, entre les diverses parties d'une maison et cette maison, qui ne se tient debout que parce que chacun des éléments qui la compose tend à tomber. Antagonisme profond aussi entre un organisme vivant et les diverses cellules dont l'action égoïste tend à détruire cet organisme-là même qu'elles constituent. Antagonisme profond encore entre l'esprit et les divers appétits de l'être matériel qui le supportent. Antagonisme profond enfin entre une Société et ses divers membres qui, livrés à eux-mêmes, ont alors vite fait d'enfanter ce que Taine a appelé l' « anarchie spontanée. »

Nous avons déjà vu à la page 4 qu'on avait commis une faute analogue en faisant de l'attraction *universelle* une *vertu inhérente* à *chaque* élément matériel. On a alors posé, en principe, que *chaque* élément matériel est attractif, tandis qu'en réalité il est essentiellement répulsif. Nous aurons du reste occasion de revenir sur ce dernier point.

moins la structure en spirale, serait une spirale : spirale d'ailleurs plus ou moins fortement comprimée par les spirales voisines; il serait du mouvement plus ou moins tordu ou enrayé par les spirales voisines, et c'est là ce qu'il ne faudrait jamais perdre de vue. Bien loin qu'il possédât une vertu quelconque, attractive ou autre, abandonné à lui-même, il n'aurait d'autre tendance ou, si l'on veut, d'autre désir que de se dilater, de s'émanciper, de s'ouvrir, et par là finalement de se détruire (1).

Toutefois, hâtons-nous d'ajouter qu'il n'y aurait nullement destruction d'*énergie* dans l'univers quand un atome *cesserait d'exister*, puisque, au moment même où cet atome s'anéantirait, *le milieu ambiant, l'éther, en se précipitant pour combler le vide* et en produisant ainsi du mouvement, transformerait cette énergie-là même qui constituait l'atome, et qui, *trompée dans sa tendance destructive*, se retrouverait dans l'univers sous forme d'un mouvement. Et s'il est vrai de dire que l'atome, en se dissociant, a tout d'abord couru vers le néant, il n'en reste pas moins que ce néant, ce vide, saisi en quelque sorte par le milieu ambiant, aura engendré le mouvement et la vie. En un mot, l'atome aurait cessé d'être comme chose inerte, perceptible et impénétrable, mais il serait devenu essentiellement mobile, plastique et perméable.

Et de là il suit qu'aucune destruction d'énergie ne sera possible dans l'univers tel qu'il est constitué, c'est-à-dire dans un monde où tout atome est nécessairement environné d'un milieu

(1) Empruntons encore à l'article déjà cité de M. G. Le Bon, sur la dissociation de la matière (*Revue scientifique* du 22 novembre 1902, p. 653), le passage suivant :

« Toute matière est radio-active, c'est-à-dire tend *spontanément* vers la dissociation. Cette dissociation est le plus souvent très minime, parce qu'elle est empêchée par des forces antagonistes. Ce n'est qu'exceptionnellement et sous l'influence de réactions capables de lutter contre ces forces antagonistes, que la dissociation atteint une certaine intensité. »

Et ainsi nous retrouvons dans le monde purement matériel cette « anarchie spontanée » qui apparaît fatalement chaque fois que l'action *inhibitrice* de certaines forces antagonistes, c'est-à-dire de ce que, dans un tout organisé, on a justement appelé l'organe directeur, disparaît.

élastique, puisque, dans ces conditions, à toute réalité atomique qui disparaîtra, succédera inévitablement, *grâce au milieu ambiant*, un mouvement proportionnel à la destruction produite.

Cependant, et cela est à retenir, car c'est là l'erreur capitale de notre temps, ce ne sera jamais par suite d'une transformation qui ferait en quelque sorte surgir à l'extérieur une propriété supposée *inhérente* à l'atome et jusque-là latente, que la matière deviendra mouvement. Le mouvement sera toujours dû au contraire à un anéantissement de l'atome, à une véritable phago-cytose du déjà existant qui, après avoir retrouvé, *grâce au milieu ambiant, c'est-à-dire grâce à tout ce qui n'est pas lui, atome considéré*, et cela, dans la mesure même où il se sera détruit, l'énergie qui le constituait, reparaîtra dans l'univers sous une autre forme, le mouvement. Pour avoir, en un mot, dépouillé le vieil homme et s'être *anéanti* en tant que puissance *locale* et *inerte*, l'atome renaîtra donc dans l'univers sous une autre forme plus universelle et plus vivante : le mouvement.

Mais, si tout mouvement a pour cause le *vide* produit par une destruction matérielle, par une destruction atomique, une double conséquence va sortir de là.

D'abord, le mouvement produit sera toujours l'expression d'une rupture d'équilibre du milieu ambiant, due à une destruc-tion atomique. Par exemple, ce sera parce qu'une destruction atomique aura lieu dans le soleil que l'atmosphère solaire engen-drera les ondes vibratoires — lumineuses ou magnétiques sui-vant le cas — qui, d'autre part, en mettant en branle l'*éther*, le contracteront et engendreront ainsi l'attraction universelle (1).

(1) Nous ne pouvons insister plus longtemps sur ce point, mais, pour se faire une idée de ce qu'est, dans son substrat intime, l'attrac-tion cosmique, qu'on imagine — par opposition aux globes solides faits de spirales *comprimées* — l'éther formé de spirales *presque com-plètement ouvertes* et maintenues dans cet état anormal, c'est-à-dire *distendues* par une force extérieure à elles, les astres. Dans ces condi-tions, toute excitation venue des astres aura pour effet final de con-tracter, de condenser l'atome éthéré qui, ainsi comprimé, produira l'attraction. L'attraction ne sera donc pas le fait de deux astres en présence qui paraîtront s'attirer mais qui, en réalité, se repousseront; elle prendra naissance dans l'éther, entre ces deux astres. En d'autres termes, et comme nous le verrons plus loin, l'attraction cosmique ne

Deuxièmement, ce ne sera nullement en s'affirmant matière ou soleil que la matière ou le soleil produiront du mouvement, mais bien en cessant d'être, et cela dans la mesure où ils agiront à l'extérieur, soit matière, soit soleil. En résumé enfin, la loi des choses, toujours la même, pourra s'exprimer en disant qu'un quelque chose *qui est localisé ne pourra agir universellement qu'à la condition de commencer par cesser d'exister quelque part.*

Et de là cette dernière conclusion, c'est que quand Newton dit : « Croire que quelque chose peut agir *ailleurs* que là où ce quelque chose se trouve, est une simple absurdité », il pose mal le problème et il en rend la solution impossible, puisque c'est justement toujours là où quelque chose n'est pas, *ou n'est plus,* que ce quelque chose agit. De là aussi cette évidence, c'est que, en aucun cas ce ne sera parce qu'il possède en soi une *vertu agissante,* de l'ordre positif par rapport au monde existant, c'est-à-dire capable de s'étendre jusqu'à l'acte considéré, que ce quelque chose agira à l'extérieur, mais uniquement parce qu'il cessera d'exister.

Toutefois, qu'il reste bien entendu que si nous en venons d'emblée jusqu'à la destruction radicale de l'atome, nous supposons d'autre part toute la série matérielle, depuis l'ion qui, comme une goutte de rosée sur la feuille ou mieux comme une goutte de sueur qui perle au front, devient peu à peu libre à la surface du corps (électricité statique), et s'échappe bientôt dans le milieu ambiant sous forme d'une spirale non encore complètement ouverte, c'est-à-dire sous forme d'un élément matériel non encore complètement détruit (et dans ce cas il y a

sera pas plus le fait des astres que l'attraction moléculaire, appelée cohésion, n'est le fait des atomes matériels qui constituent les corps.

Remarquons pourtant que si l'onde excitatrice se produit dans un milieu relativement dense, non seulement elle ne comprimera pas ce milieu, mais elle le dilatera. Et ceci explique cette force répulsive des astres qu'il est impossible aujourd'hui de nier, et qui semble avoir pour siège l'atmosphère toujours plus ou moins dense qui les entoure.

En résumé donc, chaque fois qu'une excitation sera transmise à un atome solide, c'est-à-dire à un atome comprimé, celui-ci se dilatera ; chaque fois au contraire qu'une excitation se communiquera à un atome éthéré, c'est-à-dire à un atome distendu, celui-ci se comprimera. Dans le premier cas, il y aura dilatation de l'atome et répulsion, dans le second, compression et attraction.

une sorte d'émission), jusqu'à la destruction absolue de l'atome qui, sous forme d'un *vide*, se meut ensuite à travers l'espace par le fait du déplacement des couches de l'éther que ce vide provoque (et dans ce cas il y a ondulation).

Et alors, on voit la faute énorme, la formidable erreur qu'ont commise nos modernes, lorsqu'en même temps qu'ils posaient en dogme la conservation de l'énergie, ils se sont plu surtout à se servir de mots comme ceux-ci: addition, juxta-position, émission, accroissement, développement, prolon-gation, évolution, progrès, transformisme, transformation (for-mation au delà du déjà existant), mais ont toujours laissé de côté la destruction et la dissolution des choses, cause première cependant du mouvement qui suivra; erreur qui ne s'expliquerait pas si l'on ne savait l'horreur native — laquelle d'ailleurs n'a elle-même d'autre source secrète que la prédominance de l'être impulsif, prolongatif, instinctif sur l'être réfléchi, c'est-à-dire sur la puissance inhibitrice qui le caractérise — qu'ont de tout temps inspiré à l'humanité les mots : recul, retrait, soustraction, renoncement ou sacrifice.

Et en voilà assez pour prouver, chose qui n'est pas indifférente puisqu'elle est le pivot de toutes les théories contemporaines, que le mot transformation ou transformisme, si répandu à notre époque, — et qui, pris dans le sens où il l'est, n'est autre chose qu'une preuve manifeste de la dépravation d'une idée, aujour-d'hui impuissante à quitter le fait tangible auquel tout natu-rellement alors elle demande la cause du fait tangible suivant,— est un pur barbarisme. Il indique, par son étymologie même, exactement le contraire de ce qui se passe dans la réalité (1).

(1) A ce sujet il est intéressant de remarquer que, si aujourd'hui la théorie de l'évolution (évolution pris dans le sens de *sortir, émaner* d'un être palpable *déjà nettement défini*, par exemple, en ce qui con-cerne notre système planétaire et, pour rappeler une théorie bien connue, d'un soleil déjà tout formé qui contiendrait en lui, à l'état latent, toutes les propriétés ou tous les êtres qui se manifesteront plus tard), a rallié la presque totalité des suffrages du monde savant, la théorie de l'émission, née de la même tendance *propulsive* de notre être, toujours enclin à concevoir la vérité non telle qu'elle est mais tel qu'il est, fut, elle aussi, la première à se présenter à l'esprit quand il s'est agi d'expliquer la propagation de la lumière. Il y a là la preuve d'une mentalité d'autant plus étrange, surtout en ce qui a trait à l'évolution

Car il saute aux yeux que ce mot transformation, en prêtant à l'être considéré des vertus latentes et occultes, susceptibles de se développer au cours des âges, implique par là même une sorte d'*émanation* directe et affirmative de la forme tangible qui déjà existait, c'est-à-dire une véritable paternité de la matière. Il est évident, en effet, qu'il implique une sorte d'exaltation et de prolongation extérieure d'une prétendue activité intérieure, alors qu'en réalité la chose nouvelle qui apparaît est, avant tout, due à la destruction, à la disparition ou à la mort, si commune du reste dans le monde organique, — et dont, dans le règne inorganique, la rapidité a elle-même une grande influence sur le phénomène produit, ce qui fait du temps un facteur capital dans toute modification (1) — de la cause *apparente*, de la mère *apparente*, si l'on veut, qui l'engendre.

Nous pouvons donc conclure qu'à la base de tout progrès comme de tout acte, non seulement ce quelque chose qui va

des êtres vivants, que, dans ce cas, les organes rudimentaires, qui eussent dû être très nombreux chez les êtres occupant le bas de l'échelle, auraient dû aussi atteindre tous leur plein développement chez les êtres supérieurs. Or c'est justement le contraire qui a eu lieu, comme si, à mesure que l'être se perfectionnait, une force non plus *extensive* mais *inhibitrice*, non plus *prolongative* et *affirmative* mais *restrictive*, *résorptive*, venait émonder une première branche à l'origine trop divergente, trop affirmative dans son besoin égoïste et précoce de percer au dehors; comme si un frein de plus en plus puissant venait progressivement ralentir une floraison primesautière, projetée d'emblée jusqu'à son horizon, et dont la force centrifuge trop grande, dont la prolifération native excessive et décousue tendait plus, en décentralisant l'être en voie de formation et en l'aiguillant sur une voie unique, à le spécialiser et à le matérialiser qu'à le conduire doucement vers l'entière possession de son *moi* synthétique; comme si, enfin, un agent antagoniste après avoir constamment *enrayé*, *émondé*, au cours des âges, les diverses tendances prépondérantes d'un processus anarchique toujours prêt à « aller jusqu'au bout » de l'idée du moment, et à se *fixer* définitivement dans une direction donnée — d'où l'impossibilité de prendre de nouvelles directions — n'avait laissé, à titre d'indication, dans l'être synthétique qui suivra, mais ne sera nullement fils de celui qui l'a précédé, qu'une série de tendances, *vite réprimées*, vers l'organe *monstrueusement* développé chez les êtres plus simples et plus analytiques qui l'avaient devancé.

(1) Voyez en ce qui concerne ce point : *Le rôle du temps dans les transformations chimiques*, par M. A. Ditte, de l'Institut. *Revue scientifique* du 30 novembre 1901.

paraître se développer *ne contient pas en soi* la raison d'être de son perfectionnement ultérieur ou de son action — qui, dans ce cas, ne pourrait évidemment se propager au dehors que par émission — mais qu'il y a nécessairement et toujours un recul, une destruction, une désagrégation soit de l'atome, soit du germe, soit de l'être, soit de l'organe en voie de se perfectionner. Et, qu'à titre de base générale pour la théorie que nous proposons ici, il soit convenu que là seulement est le mystère des choses, et que si la science en est encore à ignorer la loi générale qui régit l'univers, c'est parce que plus curieuse du fait que prudente, plus apte à vérifier et à constater qu'à démontrer, plus préoccupée de *poursuivre*, sans le perdre de vue, ce qui est, que de l'abandonner un moment pour *remonter* au principe des choses, plus positive enfin que religieuse, elle tend plus aussi à suivre la loi de l'instinct que celle de l'idée: de l'instinct qui, avant tout craintif du sacrifice, ne songe toujours et d'emblée qu'à exalter et à afficher *ce qu'il est déjà*, à aller de l'avant pour se joindre goulûment à l'objet grossier et excentrique qui l'attire au dehors, quitte à s'épuiser bientôt en se décentralisant de plus en plus et en perdant alors contact avec le vitellus central qui le nourrit; que de l'idée qui, au contraire, ne se met jamais en marche qu'après avoir offert en holocauste cet être matériel et tangible dont la substance immolée au point de départ l'aura devancée, et, désormais énergie plus subtile, onde essentiellement mobile et assimilable, lui servira de véhicule au cours de son éternel voyage.

Nous pouvons conclure aussi que non seulement l'être *tangible*, premier en date, ne peut, en aucun cas, transmettre au phénomène ou à l'être plus complexe, plus mouvant ou plus vivant qui lui succédera dans le temps, des qualités dont il est lui-même dépourvu, et, en particulier, que l'atome ne peut *émettre* au dehors une puissance attractive; mais que le progrès n'aura lieu et l'harmonie générale, c'est-à-dire l'union et l'attraction des choses ou des êtres, ne s'établira qu'autant que ce premier être ou ce premier phénomène tangible, toujours excessif dans sa caractéristique fondamentale, consentira ou sera contraint à se dépouiller de la partie la plus rigide de son *moi*, presque toujours prise d'ailleurs — évidemment parce qu'elle est la plus apparente — pour l'expression même et l'essence de ce *moi*.

Mais peut-être nous objectera-t-on l'antagonisme profond qui se dresse alors entre une pareille théorie et les tendances évolutives, affirmatives de la science contemporaine, tendances trop connues pour qu'il soit besoin d'insister. Un mot nous suffira pour montrer que l'antagonisme est plus apparent que réel.

Et, en effet, par cela seul que la lumière n'est plus aujourd'hui considérée comme une *émission* de particules solides, et que les savants penchent au contraire à croire qu'elle est du mouvement pur (1), transmis à notre globe par l'intermédiaire du milieu éthéré, qu'ils le veuillent ou non, ils reconnaissent du même coup que ce mouvement, cette énergie venue du soleil — et qui, évidemment, n'est pas née spontanément — ne peut que *remplacer*, dans l'économie de l'univers, la matière tangible qui, en *disparaissant, en se détruisant dans le soleil*, a permis ce mouvement fécond que nous appelons ondes lumineuses. Or cela nous suffit, car il y a là une preuve irrécusable que la matière n'est rien autre chose que du mouvement enrayé, et qu'elle ne peut *agir* qu'en se *détruisant*.

Contre les mots et aussi contre cette sorte d'esprit mis si aisément à mal par les mots, il demeure donc vrai que tout mouvement, comme toute vie, n'est possible qu'autant que quelque chose qui était perceptible à nos sens, qui, autrement dit, était de la matière, a disparu de l'univers. Il demeure vrai que tout élément matériel est, par son être propre, la négation même du lien qui constitue l'activité du tout. Il demeure vrai enfin que toute matière qui, non seulement refuserait de se détruire, mais qui entendrait faire graviter autour d'elle l'univers ou l'esprit, ne serait rien moins que le mal absolu (2).

(1) Voyez la note 1 de la page 6.
(2) C'est évidemment pour n'avoir pas compris cette très simple vérité que M. Séailles a pu dire : « L'idéal ne consiste pas à mutiler la nature mais à *l'exalter* en exprimant, *dans* la matière confuse des penchants, l'unité harmonieuse de la pensée qui les accorde et les

Mais, en terminant ce chapitre, nous tenons à faire une dernière remarque. D'une part, nous avons constaté que le monde
n'existait que parce que la matière naturellement penchée vers
le néant, sorte de néant trompé, est à toute heure enrayée dans
sa tendance naturelle; d'autre part, nous avons admis que la
destruction atomique, la course vers le néant, est la condition
de toute activité.

Ajoutons donc tout de suite, pour éviter toute confusion, que
— comme d'ailleurs nous l'avions déjà noté dès le début
(pages 3 et 4) — le monde devra pour subsister, pour persévérer
dans son être, se maintenir entre une rigidité excessive et une
fusion complète, et que ce sera, non pas dans une matière indestructible, non pas non plus dans une fusion absolue qui ne
serait que le néant, mais dans une destruction *ordonnée, harmonieuse* des éléments qui le constituent, c'est-à-dire dans le juste
équilibre de deux tendances essentiellement contradictoires, ten-

hiérarchise... La science nous a enseigné ce que vaut la méthode qui
maltraite le corps, le mortifie, l'exténue, sous le prétexte d'alléger l'esprit du poids de la matière. » (*Les affirmations de la conscience
moderne*, p. 83).

Visiblement l'auteur est de ceux qui en sont encore à prêter aux
choses des vertus occultes, curatives, attractives, vitales, morales ou
intellectuelles suivant le cas ! Aussi — peut-être parce que, sans le
savoir, il ne lui déplairait pas de rester un peu chose lui-même tout
en s'efforçant de sacrifier au Progrès — pense-t-il qu'il suffit d'*exalter*
ces mêmes choses pour « faire de l'esprit. »

Et là justement est la raison pour laquelle il a dû ailleurs (page 28)
en venir à faire ce significatif aveu : « Ainsi l'Univers n'est plus le tout
aux parties conspirantes (c'est nous qui soulignons) où se marque clairement l'unité de plan, l'ensemble *cohérent* d'éléments dont l'évolution
simultanée révèle le gouvernement d'un esprit qui développe sa propre
pensée; l'Univers, *pour nous*, se brise en millions de mondes indépen-
dants, dont chacun vit pour soi dans une sorte d'égoïsme solitaire,
sans que nous puissions découvrir l'idée maîtresse qui, les dominant,
les coordonne. »

A cette « affirmation de la conscience moderne » : Prenez de la matière, *exaltez-la* et vous aboutirez fatalement à l'idée, une fois de plus
nous opposerons donc cette affirmation contraire : Prenez de la matière,
détruisez-la, et la nature, « allégée du poids de la matière », engendrera
l'esprit; — à la condition toutefois que la destruction suivra une loi
harmonieuse qui du reste devra être celle *prévue dès l'origine* par l'Idée
créatrice.

dance vers le néant d'une part, tendance vers la matière absolue de l'autre, que l'univers trouvera l'assise et le fondement de son être.

Que d'ailleurs on ne perde pas de vue la nécessité de cette *loi harmonieuse*, imposée à la destruction de la matière organisée, puisque, encore une fois, si une destruction *ordonnée* de la matière conduit à l'esprit, une destruction *désordonnée* conduirait nécessairement au néant. Et c'est là justement la différence, différence radicale, qui existe entre un être matériel capable de vivre sans perdre l'équilibre et de se perfectionner indéfiniment, autrement dit immortel, et un être matériel incapable de naître à la vie ou, s'il est déjà vivant, de se conserver longtemps dans le domaine de la réalité.

Ceci posé, nous pouvons faire un pas en avant et entrer dans l'étude du magnétisme.

CHAPITRE II

CONSTITUTION INTIME DE L'AIMANT

S'il est une chose mystérieuse dans la nature, c'est bien cette force qui fait d'un simple barreau d'acier un aimant et qui, suivant des lois fixes, disperse dans toutes les directions ses ondes magnétiques. C'est ce mystère que, en quelques mots, nous nous proposons d'étudier ici.

Mais, avant d'entrer dans le détail des faits, il est utile de faire ressortir l'idée qui a été l'inspiratrice et aussi le pivot de toute cette étude.

La dissolution, la destruction de l'élément matériel est, avons-nous dit, la condition nécessaire et, en quelque sorte, la raison d'être de cet agent que, dans le monde cosmique, on appelle l'attraction : attraction qui d'autre part, nous l'avons également constaté, est le lien de parties — globes ou atomes — non seulement impuissantes à s'unir entre elles, mais qui, livrées à elles-mêmes, ne tarderaient pas à se détruire (Voyez la page 10, 2ᵉ paragraphe).

Or si, pour s'unir, les différentes parties d'un tout doivent se dissoudre dans la mesure où elles s'unissent, c'est donc qu'il y a contradiction complète entre le lien qui, non seulement unit ces parties, mais leur conserve l'existence, qui, par conséquent, est au fond le tout, l'essence du tout (1), et ces mêmes parties dont

(1) Dans la pratique, on pourra considérer le tout comme étant l'ensemble de toutes les parties du tout, la partie à l'étude exceptée. On saura alors d'avance que cette partie est nécessairement en antagonisme avec toutes les autres parties du tout, qui lui-même ne demeurera par conséquent un tout qu'à la condition justement que les tendances, les appétits propres à la partie ne l'emporteront pas sur le tout.

toute l'action consiste à étaler au grand jour, et sous les formes les plus variées, le principe invisible et universel — qui justement invisible parce que universel — auquel elles empruntent l'être qu'elles manifestent.

Et il suit de là qu'un tout quelconque est nécessairement constitué par deux facteurs essentiellement contradictoires : l'un qui demeure indifférencié, et est le lien — et aussi la source, cela nous le verrons mieux encore au chapitre IV — des diverses parties de l'être qui le mettent en valeur, mais chez lesquelles il ne puise nullement son activité; l'autre, qui, fait du morcellement du premier et désormais susceptible, parce que dédoublé (1), de tomber sous les sens, servira de support au premier et le manifestera au dehors (2).

Et, ce point acquis, abordons notre sujet.

Nous venons de voir que l'atome palpable n'est en soi qu'une torsion de l'éther, qui ne se conserve tel que parce qu'il se trouve comprimé par les atomes voisins et est mis par eux dans l'impossibilité de suivre sa tendance propre et de se désagréger. Nous avons vu aussi que, dans un agrégat quelconque, les atomes tendent naturellement à se comprimer réciproquement et à se disposer de façon que les extrémités libres des spirales atomiques se trouvent de part et d'autre de la ligne qui les joint.

(1) Voyez la page 8.

(2) Ne craignons pas d'asseoir l'esprit tout le long du chemin. Aussi bien, c'est là le lot de l'humanité. Or c'est un fait que ce qui constitue dans son fond, soit l'être vivant, soit l'être-mouvement, soit l'être-lumière, soit l'être-esprit, demeure en dehors de nos prises, et ne se communique à nous que par des agents qui trop souvent du reste, sous prétexte qu'ils le manifestent, finissent par nous faire croire qu'ils le créent. C'est un fait aussi que l'humanité, livrée à elle-même, a toujours cherché dans la partie visible de l'être en soi, c'est-à-dire dans ce qui n'est qu'une manifestation passagère et superficielle de son activité, la raison d'être de son existence.

Mais prenons un exemple.

Très simplement M. Faye met en évidence ce fait si peu remarqué quoique fort suggestif, que la lumière *lumineuse* est due, non pas à des particules de matière qui, en soi, sont entièrement obscures et qui, tout en étant nécessaires à la manifestation de ce qu'on pourrait appeler la lumière en soi, n'en sont pas moins sa négation, mais à un mouvement vibratoire, à une lumière en soi, dont l'être, considéré dans son isolement, nous échappe. « Voici, dit-il (*L'Origine du monde*, p. 236), une

(Voyez pages 2 et 3 et la fig. 2). Nous avons vu enfin que tout mouvement, comme toute vie, a pour *condition* première une dissolution plus ou moins complète de l'élément matériel, ou, ce qui est dire la même chose, que le mouvement, la vie et l'organisation sont en rapport direct avec le pouvoir désagrégatif des corps (1).

Voilà donc une première base solidement établie. La matière, l'élément matériel agit en se dissolvant. Livré à lui-même, il tend naturellement vers cette dissolution; par contre, placé dans un agrégat, il tend, comme si, effrayé par le voisinage du néant, il exagérait en sens contraire, à se condenser outre mesure et sous l'effort d'une force essentiellement brutale, à acquérir une densité maxima. (Voyez la page 5, 5ᵉ alinéa.)

M   Fig.3

Revenons maintenant aux figures 1 et 2, et supposons qu'une ondulation dirigée dans le sens de la flèche *a b* se propage à

flamme d'hydrogène brûlant à l'aide d'un courant d'oxygène. Cette flamme est si chaude qu'on y ferait fondre aisément du platine, et pourtant vous voyez qu'elle n'est guère lumineuse; mais elle le devient subitement si l'on y projette un peu de poussière de chaux ou de magnésie, corps solides qui ne se volatilisent pas à cette haute température et deviennent incandescents. »

L'erreur est donc visible. On prend pour l'être ce qui ne le manifeste au dehors que justement parce qu'il lui est opposé ; et, sous prétexte qu'un fait prouve l'être, il devient l'être.

Mieux avisé, Taine avait su éviter le piège lorsqu'il écrivait :

« Il existe comme deux mondes dans un seul, l'un sensible et figuré, l'autre intelligible et sans forme; l'un qui comprend les dehors mobiles de l'histoire et de la vie et toute cette floraison colorée et parfumée que la nature prodigue *à la surface* de l'être, l'autre qui *contient* les profondes puissances génératrices et les invisibles lois par lesquelles tous ces vivants arrivent sous la clarté du jour. »

L'univers aurait donc deux faces entièrement distinctes, l'une visible, l'autre invisible, et tandis que tout ce qui est vie ou cause demeurerait inaccessible à nos sens, tout ce qui leur serait accessible ne serait au fond autre chose qu'un être stérile dépouillé de toute causalité.

(1) On pourrait d'ailleurs appliquer cette même loi à l'attraction universelle qui, par là même, se trouverait être proportionnelle au pouvoir thermique ou radio-actif des corps.

travers un corps M, dont les atomes, pressés les uns contre les autres, ont la disposition représentée aux figures 2 et 3 : disposition qui, encore une fois, sera, tant qu'une ondulation, tant qu'une excitation ne se produira pas dans un même sens, la disposition normale d'un corps solide non organisé ou non aimanté.

Au moment où l'onde vibratoire va passer dans ce corps, les spirales d'un même filet atomique, qui jusqu'ici étaient disposées transversalement par rapport à l'axe longitudinal de ce filet (fig. 3), vont être en quelque sorte aspirées par cette onde vibratoire — qui en définitive est un vide relatif — et vont tendre à se placer de façon que leurs extrémités libres se trouvent toutes situées sur l'axe même du filet atomique (fig. 4). La désagrégation de tous les atomes d'un même filet va donc se produire sur une même ligne.

Et voici alors — pourvu toutefois que l'onde vibratoire ne soit pas trop forte (1) — ce qui va se passer. Tandis qu'une

(1) C'est là, notons-le dès à présent, une condition importante; car, soit qu'aucune ondulation n'existe, soit que cette ondulation soit trop forte, on aboutira au même résultat. Dans les deux cas, il arrivera, en effet, que les mouvements vibratoires, dont seront animées les extrémités libres des atomes conjugués, prendront une amplitude telle qu'elles quitteront définitivement la ligne droite définie par la flèche $a\,b$ (fig. 3) pour se placer perpendiculairement à cette ligne, quitte à s'accoupler avec les atomes situés latéralement, c'est-à-dire sur le flanc du filet considéré. Dans l'un et l'autre cas, les extrémités libres de chaque élément se placeront donc transversalement par rapport à la direction $a\,b$, détruisant du même coup la vitalité et la coordination longitudinale du corps tout entier.

Mais de plus il pourra même arriver, si le corps est suffisamment malléable, et dans le cas où une forte ondulation le traversera, que la pression — pression déterminée par la force attractive — des atomes situés sur le filet, de part et d'autre de l'atome qui se sera mis par le travers, soit suffisante pour faire glisser cet atome latéralement et le chasser hors de la ligne qu'il occupait. Il y aura alors diminution de la longueur du filet et accroissement de l'épaisseur du corps.

Et, à ce sujet, qu'on nous permette ici une comparaison peut-être hâtive, en tous cas suggestive.

On sait que si l'on fait passer un courant électrique dans un muscle, le muscle se contracte. Or, si l'on imagine une disposition atomique en filet, analogue à celle représentée aux figures 3 et 4, il est facile de se rendre compte que, lorsque, dans une file d'atomes parcourue par une onde vibratoire suffisamment forte, un atome se met par le travers,

spirale quelconque va, du fait de son heurt contre la spirale qui lui fait *immédiatement* face et avec laquelle elle se trouve

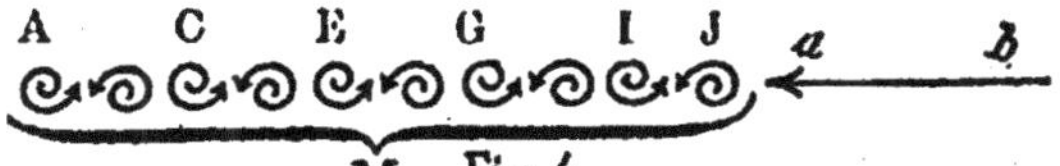

A   C   E   G   I   J   a   b

M   Fig.4

conjuguée (fig. 2), tendre, après avoir été redressée par l'onde vibratoire, à se remettre par le travers (cela par suite de son

tous les autres atomes de la ligne, qui, *du fait de leur attraction réciproque*, pèsent de part et d'autre sur lui, tendent à le faire glisser latéralement, d'où, encore une fois, diminution de la longueur du filet, c'est-à-dire contraction.

Eh bien ! ne serait-ce pas par suite d'un phénomène analogue que les muscles se contracteraient ? Dans ce cas, on pourrait expliquer la contraction musculaire en disant que, che. les cellules musculaires, il existe, comme d'ailleurs chez tout être vivant, un point de leur surface par où elles entrent en communication avec les cellules voisines et avec le milieu ambiant, et par conséquent qu'il est légitime de représenter ces cellules elles-mêmes par une spirale dont nécessairement une extrémité s'ouvre à l'extérieur. Quand ces spirales vivantes se font face et se disposent toutes sur une même droite, elles se nourrissent et se dilatent dans le sens de la longueur; quand au contraire, elles prennent une position transversale, elles se compriment les unes les autres, se dégorgent, jettent dans le torrent vital les résidus de leur activité interne et se contractent, en même temps que quelques-unes d'entre elles sont poussées latéralement.

Disons enfin que ce pourrait bien être là aussi le principe sur lequel reposerait le mécanisme des cellules nerveuses. Mais il serait trop long de nous y étendre et nous laissons au lecteur le soin de l'imaginer. Qu'il nous suffise pour le moment d'avoir fait remarquer que les cellules musculaires ne se *consolident*, ne s'*affirment* cellules musculaires et ne prennent de la consistance qu'autant qu'elles se mettent par le travers et se compriment les unes les autres. Seule en effet cette compression resserre leurs tissus et les empêche de se désagréger peu à peu, après s'être distendus outre mesure, par suite d'une nutrition continue.

Et par conséquent, si le déploiement de l'être provoqué par la nutrition, son émancipation, sa dispersion au dehors, est la *condition* première et nécessaire de son existence, la contraction, la compression, la gêne, l'atrophie — non pas toutefois l'atrophie du *tout*, du muscle par exemple, mais l'atrophie successive de chacune des parties du *tout*, de chaque cellule du muscle — est sa cause efficiente et réalisatrice.

A ce gabarit on peut donc déjà juger le mérite d'une époque dont l'œuvre principale a été de supprimer toute entrave mise à l'énergie sourcielle de l'être, consacrant du moins par là une liberté, celle de pouvoir toujours être, mais de n'être jamais.

choc même) (1), toutes les spirales dirigées en sens contraire de
celle-là et qui sont situées au delà de la spirale qui lui fait
immédiatement face, les spirales A, C, E, G par exemple
(fig. 4) s'il est question de la spirale J — laquelle a pour
conjointe la spirale I qui, elle, encore une fois, va au contraire
tendre à la repousser et à lui faire prendre une position transversale, mais dont l'action sera annihilée par la force attractive
des spirales A, C, E, G, action nécessairement plus forte que
l'action répulsive de I, puisqu'elle émanera d'un plus grand
nombre d'atomes — vont tendre à maintenir son extrémité
libre dans la direction de l'onde vibratoire (2). Et tandis
donc que, dans un agrégat organisé, un seul atome, le plus

(1) Voyez la page 3, deuxième paragraphe.
(2) Montrons les faits sous un autre jour. Le mouvement qui
s'écoule par l'extrémité libre de chaque atome-spirale, tend, avons-nous
dit au paragraphe 3 de la page 1, à se combiner à tout mouvement de
sens inverse et à produire avec lui une interférence. Or cette attraction
ne pourra se produire qu'à la condition que chacun des deux mouvements, ou du moins l'un des deux, ne soit pas *localisé* dans un atome
qui par son être même est essentiellement impénétrable et par conséquent répulsif.

Ce qui revient à dire que deux atomes, situés à l'intérieur de leur
champ d'action réciproque, c'est-à-dire assez voisins pour se heurter,
se repoussent, tandis que deux atomes situés à une distance plus
considérable que l'étendue de leur champ d'action *personnel*, s'attirent
et tendent à se placer dans la situation qui convient le mieux à cette
attraction : chose qu'ils ne pourront faire toutefois que si de l'énergie
extérieure vient tout d'abord permettre aux extrémités libres des spirales atomiques de se faire face, c'est-à-dire de passer de la disposition
représentée à la figure 3 à celle représentée à la figure 4.

Mais c'est là dire aussi que, comme nous l'avons vu dès le début,
l'attraction n'est nullement inhérente à la matière en tant que la
matière s'affirme matière, et que l'énergie capable de matière tangible
se localise dans l'atome, c'est-à-dire s'ancre dans un *moi* nettement
matériel — nous le savions déjà de reste, *que le moi matériel et local
n'est jamais attractif*, surtout depuis que, sous le nom d'altruisme, on
a essayé en vain de concilier avec l'amour des autres un amour de soi
accru, — mais qu'elle a lieu dans la mesure où la matière tend à se
délocaliser, à se généraliser, et, par là, à devenir, de spécialisée,
fragmentaire et morte qu'elle était, capable de vie et d'universalité,
c'est-à-dire justement non matérielle et éthérée, qu'elle a lieu enfin dans
la mesure où la matière tend à n'être plus matière ou à ne plus agir
comme matière, c'est-à-dire à ne plus agir en tant que son champ
d'action personnel et nécessairement répulsif s'étend jusqu'à l'acte
considéré, l'attraction, ou, ce qui est la même chose, l'affinité.

voisin, va tendre à faire prendre à l'atome considéré une position transversale, tous les atomes de noms contraires, c'est-à-dire tous les atomes qui, par leurs extrémités libres, font face à cet atome et n'en sont pas immédiatement voisins, vont, en

Et alors d'un mot il est désormais facile de caractériser la différence qui existe entre la *cohésion* (chose liée, résultat acquis) d'une part, et *l'affinité* ou *l'attraction* (tendance vers, appétit, principe d'union) d'autre part. L'affinité, le principe d'union ou l'attraction est l'expression du vide relatif produit par la destruction, par la fusion plus ou moins complète d'un ou de deux atomes, qui seuls ne laisseraient après leur désagrégation que le néant, mais qui, grâce au milieu ambiant dans lequel ils baignent, vont *en tourbillonnant* occuper un milieu moins dense. La cohésion est le fait de deux atomes qui en soi tendent uniquement à se repousser, mais qui se trouvent *comprimés* par d'autres atomes en train de se désagréger, atomes qui, situés de part et d'autre des deux premiers, se cherchent eux-mêmes pour se détruire réciproquement. C'est autrement dit un état qui a pour cause une tendance, sans cesse déçue, vers le néant.

Et par conséquent si l'attraction n'est pas une propriété *inhérente* à la matière, la raison d'être de la cohésion demeure également *extérieure* aux deux atomes unis, qui au contraire tendent uniquement par eux-mêmes à se repousser et, après s'être ouverts, à se détruire. Or il résulte de là que l'affinité et l'attraction, qui, en définitive, ne sont qu'une tendance vers le vide, vers le rien, vers la neutralisation, et qu'un *appétit vers le néant*, sont seules causes de la réalité d'un monde tangible, que, sans cesse trompées dans leurs tendances destructives, elles consolident à l'heure même où elles cherchent à l'anéantir ; et que, si l'équation algébrique n'est qu'un artifice de calcul, l'univers tangible n'est lui-même qu'un artifice de l'idée créatrice. Tant que ses deux termes généraux, matière d'une part, éther de l'autre, se maintiennent plus ou moins dans deux membres distincts, c'est-à-dire ne peuvent s'interférer *d'une manière absolue*, séparés qu'ils sont soit par le temps, soit par l'espace, le monde subsiste ; mais le jour où la fusion deviendrait complète — à supposer qu'elle puisse l'être un jour, ce qui ne semble pas douteux puisqu'à tout moment l'élément matériel se dissout et s'écoule dans l'éther, — et où tous les termes de l'équation qu'est l'univers viendraient se ranger dans le même membre, l'espace éthéré, le monde retomberait à l'état statique, c'est-à-dire dans le néant. Et de là il suit que l'espace éthéré qui constitue l'étendue n'a *en soi* aucune existence. Livré à lui-même, il s'affaisserait à son tour dans le néant.

Et ceci montre encore que les deux termes généraux de l'univers cosmique, espace éthéré d'une part, globes solides de l'autre, qui, eux, demeurent deux réalités indiscutables, sont l'antithèse du tout, pur néant, qu'ils constituent. Le monde, réel pour nos sens et par cela seul que ses parties demeurent distinctes, est, dans son fond, une pure fiction.

concourant à maintenir — malgré l'atome immédiatement voisin — son extrémité libre dans la direction générale de la vibration originelle, diriger dans le même sens la puissance attractive maxima de chaque groupe d'atomes (1) : puissance attractive qui va ainsi donner naissance à l'ondulation magnétique du filet formé par tous ces atomes.

Et alors, tandis que le corps va prendre la disposition indiquée à la figure 4, une aimantation va se produire et un faisceau d'ondes magnétiques va parcourir l'aimant.

Or, de là, un premier fait capital se dégage, c'est qu'il existe une contradiction absolue entre les différentes parties d'un tout aimanté et ce tout. Et pour prendre une comparaison qui n'est pas sans force, si vouloir faire le tour du monde en franchissant successivement ses plus hautes montagnes n'est pas le plus sûr moyen d'atteindre son but, disons mieux, est le plus sûr moyen de ne pas l'atteindre — certaines montagnes étant infranchissables, du moins par leur sommet — il se trouve que vouloir arriver à la connaissance d'un tout organisé par l'étude de chacune de ses parties n'est pas une absurdité moindre, puisque, *par ses tendances propres*, chaque partie d'un tout, non seulement ne contribue pas directement à la formation de ce tout, mais n'est autre chose qu'une négation particulière de cela justement qui constitue l'être, l'unité et la vitalité du tout (2).

Nous insistons sur ce point parce qu'il est la base tout à la fois de la théorie que nous proposons, la vérité la plus nécessaire à faire ressortir et celle qui peut-être a été la plus méconnue à notre époque.

(1) On sait qu'un aimant conserve et voit même son intensité d'aimantation s'accroître si on lui fait porter un poids, tandis que cette intensité diminue si l'aimant subit un choc, provoqué par exemple par la chute du poids qu'il porte ; ce qui s'explique par ce fait que le poids contribue à maintenir dans une même ligne toutes les extrémités libres des atomes, tandis que, si l'aimant est soumis à des influences quelconques, la ligne magnétique — dont chaque atome a une tendance naturelle à obéir à l'action prochaine de son conjoint et à se placer transversalement — finit rapidement par se briser, détruisant ainsi toute aimantation.

(2) Nous avons déjà, à la note (1) de la page 11, mentionné l'antagonisme qui existe entre la partie et le tout

Ceci posé, il nous reste à examiner la constitution intime de l'aimant.

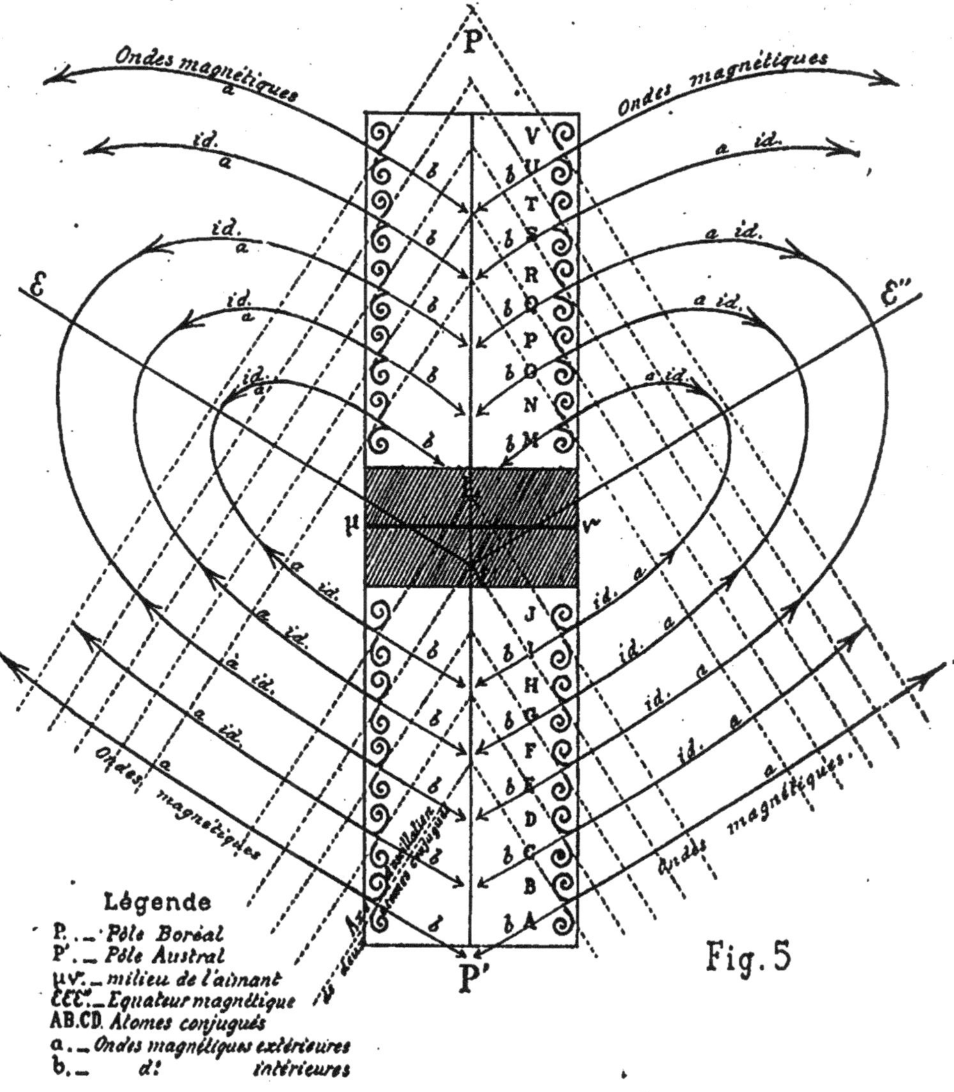

Soit donc un aimant métallique (fig. 5) composé d'un certain nombre d'atomes-spirales conjugués. La seule inspection de la figure montre que l'aimant n'est pas homogène. En voici la raison.

Deux atomes *voisins*, avons-nous dit, se heurtent et tendent, par suite de ce heurt, à donner à leurs extrémités libres une position transversale par rapport à la direction du choc (soit, dans le cas présent, les atomes A et B); deux atomes *éloignés* au contraire (soit les atomes A et V) s'attirent, et tendent à replacer sur la ligne qui les joint leurs extrémités libres déviées par leur conjoint. Toute l'explication de la non-homogénéité de l'aimant, comme de la différence qui existe entre ses deux pôles, ou dans les directions asymétriques de ses ondes magnétiques est là (1).

En effet, considérons les deux groupes d'atomes A, C, E, G, I, et N, P, R, T, V. Il est clair que chacun des atomes de ces deux groupes sera attiré par tous les atomes de son groupe ou même de l'autre groupe, par exemple l'atome A par les atomes D, F, H, J, N, P, R, T, V, et par conséquent, que les extrémités libres de cet atome sera maintenue très fortement sur la ligne magnétique. Par contre il en sera tout autrement si l'on considère les deux groupes d'atomes B, D, F, H, J et M, O, Q, S, U, dans lesquels chaque atome sera d'autant moins solidement maintenu sur la ligne magnétique qu'il sera plus rapproché du pôle. Car, dans ce cas, les chocs que chaque atome subira de la part de son conjoint produiront tout leur effet, et, en le renversant transversalement par rapport à la ligne des pôles, donneront à ses oscillations latérales une amplitude toujours considérable. Disons tout de suite que cette amplitude sera maxima pour les deux atomes B et U, qui, renversés par leurs conjoints, n'auront garde d'être redressés, puisqu'il n'existera vers les extrémités de l'aimant aucun atome éloigné

---

(1) Pour ne pas surcharger la figure, nous n'avons pas représenté ici les ondes magnétiques qui circulent dans le barreau aimanté, parallèlement à la ligne des pôles.

Remarquons également que la dissymétrie des ondes magnétiques, telle qu'elle est représentée dans la figure 5, est très exagérée. Toutefois, nous verrons que cette dissymétrie est d'autant plus considérable que le corps qui joue le rôle d'aimant est composé de particules plus malléables.

capable de contre-balancer l'action des deux derniers atomes A et V. Tandis en un mot que les extrémités libres de certains atomes seront maintenues rigoureusement en ligne par tous les atomes de noms contraires qui leur seront opposés dans le filet magnétique, les extrémités libres de certains autres atomes décriront des oscillations latérales d'autant plus larges, que ces atomes seront plus rapprochés des pôles.

En résumé donc les particules B, D, F, H, J, de la branche australe, insuffisamment maintenues sur l'axe longitudinal de l'aimant, oscilleront largement de part et d'autre de leur axe propre qui, lui-même, sera nécessairement incliné sur le premier, puisque l'attraction entre deux atomes conjugués aura lieu de biais (fig. 5 *bis*). Pour la même raison, les particules M, O, Q, S, U de la branche boréale engendreront des ondes magnétiques parallèles aux premières — du moins à leur origine car elles finiront par se réunir — et comme elles, plus ou moins penchées sur la ligne des pôles. Le champ magnétique affectera donc la

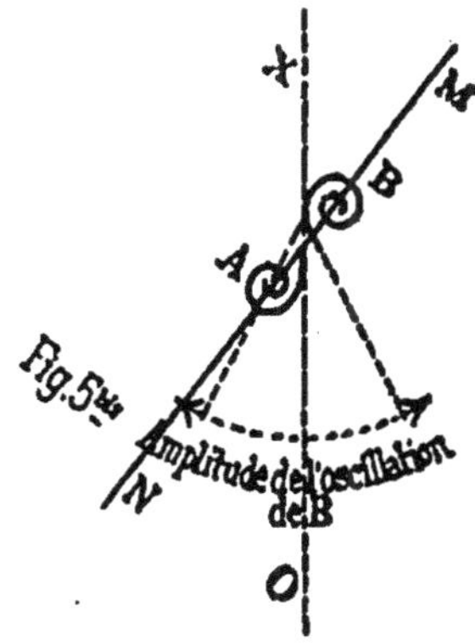

Cette figure est la reproduction agrandie du binôme AB de la figure 5.

AB Atomes conjugués.

MN Axe du filet atomique parallèle à la ligne PP' des pôles.

OX Axe d'oscillation des atomes A et B.

forme d'une poire dont le pôle boréal serait la partie arrondie et le pôle austral le pédoncule.

En d'autres termes, le champ magnétique de l'aimant aura la forme que nous indiquons à la figure 5, et cette forme sera telle que les ondes magnétiques seront dissymétriques par rapport au milieu μ de l'aimant. Enfin l'équateur magnétique $\mu\mu$ ne coïncidera pas avec l'équateur mécanique, c'est-à-dire avec le milieu de l'aimant.

Mais nous avons jusqu'ici laissé de côté le centre de l'aimant. Il est temps d'y venir et de voir ce qui s'y passera.

Seules, en effet, les ondes magnétiques latérales de l'aimant ont été représentées à la figure 5, mais il ne faut pas perdre de vue qu'il existera également un double courant d'ondes magnétiques qui, pénétrant en quelque sorte l'aimant par ses pôles (par les points A et V dans le filet magnétique représenté à la figure 5), se dirigera vers le centre. Et alors, comprimée de part et d'autre par ce double courant, la partie centrale de l'aimant se contractera et prendra la disposition L, cela pendant que les ondes magnétiques longitudinales, obligées en face de cet obstacle de se replier sur elles-mêmes, du moins en partie, reviendront vers les pôles. Ajoutons enfin que ces ondes magnétiques longitudinales ne reviendront pas entièrement à leur lieu d'origine et qu'une certaine fraction prendra, pour s'écouler dans le milieu ambiant, le chemin le plus court, suivra en d'autres termes, à son retour, la ligne de moindre résistance définie par les atomes qui, non rigidement maintenus sur l'axe du filet magnétique, oscillent largement de part et d'autre de cette ligne, et engendrera ainsi les ondes magnétiques latérales (1).

Quant aux atomes du centre, pressés de part et d'autre par les ondes magnétiques longitudinales, ils donneront naissance à une masse compacte plus ou moins inerte : masse compacte, qui d'ailleurs tendra à glisser latéralement et à accroître dans ce sens — à condition bien entendu qu'on ait affaire, non plus à un aimant métallique, mais à un aimant fait d'une substance

---

(1) Ne craignons pas d'insister sur ce point : Deux atomes quelconques s'attirent, puis se repoussent après le choc et prennent alors un mouvement d'oscillation plus ou moins accentué. La vibration longitudinale originelle se trouve donc décomposée en deux parties, l'une qui demeure longitudinale, l'autre qui devient transversale.

Eh bien ! la première sera figurée par les atomes qui, plus ou moins fortement fixés sur l'axe du filet atomique, n'ont qu'une oscillation latérale restreinte, c'est-à-dire par les atomes A, C, E, G, I, N, P, R, T, V ; la seconde le sera par les atomes dont l'amplitude de l'oscillation est considérable, c'est-à-dire par les atomes B, D, F, H, J, M, O, Q, S, U.

suffisamment malléable — le volume extérieur de la partie médiane de l'aimant.

Enfin, pour déblayer le terrain, disons tout de suite que — dans le cas toujours où la substance dont sera fait l'aimant possédera, non plus seulement une certaine malléabilité, mais une très grande malléabilité, ce qui n'est le cas ni de l'aimant métallique, ni même de cet autre aimant qu'est un muscle vivant — la masse centrale de l'aimant se trouvera peu à peu éliminée, et l'aimant se verra ainsi tout naturellement partagé en deux parties qui deviendront chacune un nouvel aimant.

Tout dépendra du reste du plus ou moins de brutalité du double courant magnétique qui viendra des pôles. Ce double courant est-il violent, il comprime les atomes centraux et détermine là la formation d'une masse résistante qui s'oppose plus ou moins à son passage. Se fait-il plus lent, il pénètre peu à peu cette masse, les deux ondes polaires viennent alors se réunir au centre même de l'aimant, et l'aimant, sous cette poussée intérieure, tend à s'ouvrir par son milieu (1).

Mais entrons dans quelques détails.

Une des propriétés les plus caractéristiques de l'aimant est l'attraction qu'éprouvent l'un pour l'autre deux pôles de noms contraires et la répulsion qui se manifeste entre deux pôles de même nom. C'est cette propriété dont nous avons tout d'abord à chercher la cause.

Lorsqu'on considère l'aimant représenté à la figure 5, deux faits surtout méritent de retenir l'attention : 1° Les atomes qui composent un même filet magnétique tournent ou tendent à tourner dans le même sens; et 2° En venant au contact, chacun d'eux sert de frein à l'autre dont il transforme le mouvement de rotation en un simple mouvement d'oscillation.

(1) Dans la pratique on pourra donc dire que l'aimant, tout en ayant d'abord des tendances contraires, finira par se diviser par son milieu qui deviendra ainsi le lieu de rencontre de ses ondes magnétiques, le lieu le plus actif par conséquent du système, et pour dès maintenant ouvrir un horizon nouveau, le lieu de l'activité même, c'est-à-dire une articulation.

Or de là deux conséquences importantes :

La première, c'est que les produits de la désagrégation des deux atomes conjugués, c'est-à-dire les ondes ou encore les ions émis par eux — nous avons vu. dans quelles conditions à la note 1 de la page 2 — tourneront tous, eux aussi, dans le même sens — quel que soit d'ailleurs ce sens — puisqu'ils auront pris naissance sous les mêmes influences; et la seconde c'est que, de même que deux atomes conjugués tendront à se comprimer et à se condenser de plus en plus, deux ions quelconques tendront, après s'être conjugués — ce qui arrivera nécessairement — à restreindre de plus en plus leur énergie centrifuge.

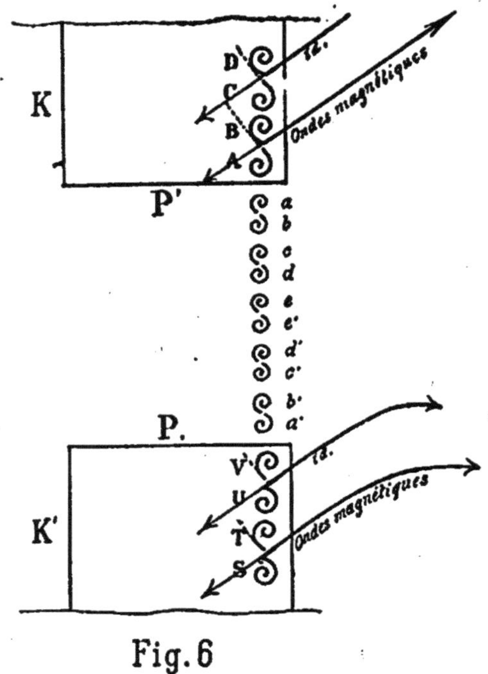

Fig. 6

Cette seule constatation va nous permettre d'expliquer soit l'action attractive qu'exercent l'un sur l'autre deux pôles de noms contraires, soit l'action répulsive qu'éprouvent l'un pour l'autre deux pôles de même nom.

Soient donc deux aimants K et K' (fig. 6), dont les pôles de noms contraires se font face. Deux atomes quelconques du filet magnétique, par exemple les atomes A, B, vont engendrer un premier ion *a*, puis un second ion *b*, puis un troisième et un quatrième ion, et cela indéfiniment. Mais les ions issus du filet magnétique A, D, vont, en devenant libres, prendre tous un mouvement de rotation dirigé dans le même sens, des conjugaisons vont donc se produire et l'énergie centrifuge des divers ions conjugués va du même coup se trouver limitée. Mais, à leur tour, ces ions vont donner naissance à d'autres ions *c*, *d*, dont les tendances seront les mêmes. Et comme d'autre part le filet magnétique V, S, de l'aimant K', dont le pôle boréal P fait face au pôle austral P' du premier, va se comporter comme le filet magnétique A, D, il s'ensuit qu'un ion *e* issu des ions *c*, *d*, va venir se conjuguer avec l'ion *e'* issus des ions *c'*, *d'*.

En un mot les ions issus de l'aimant K vont tendre à s'unir aux ions de l'aimant K', engendrant ainsi entre les deux aimants une sphère d'attraction plus ou moins puissante.

De plus, les ondes magnétiques *latérales* des deux aimants étant parallèles ne donneront lieu à aucune répulsion.

Les choses vont au contraire changer complètement de face si l'on met en regard deux pôles de même nom.

Il ressort en effet de ce que nous venons de voir que l'action attractive de deux pôles de noms contraires est due à ce que les ions issus de ces deux pôles contraires ont une tendance à s'unir : tendance qui d'autre part est rendue possible par ce fait que chacun des deux ions en présence tournant dans le même sens que celui avec lequel il tend à s'unir, agit par là même sur lui comme un frein, et modère du même coup une énergie centrifuge qui en définitive est le seul obstacle à l'union.

Or, la seule inspection de la figure 7 nous montre que si deux pôles de même nom se font face, les ions issus de ces deux pôles tourneront en sens contraire et ne pourront, par conséquent, que se repousser : cela justement parce qu'au moment où ils viendront au contact, l'attraction qui les poussera l'un vers l'autre (1) non seulement ne viendra plus, en les opposant l'un à l'autre, servir de contrepoids à leur énergie centrifuge, mais tendra à accroître cette même énergie centrifuge (fig. 8). Les

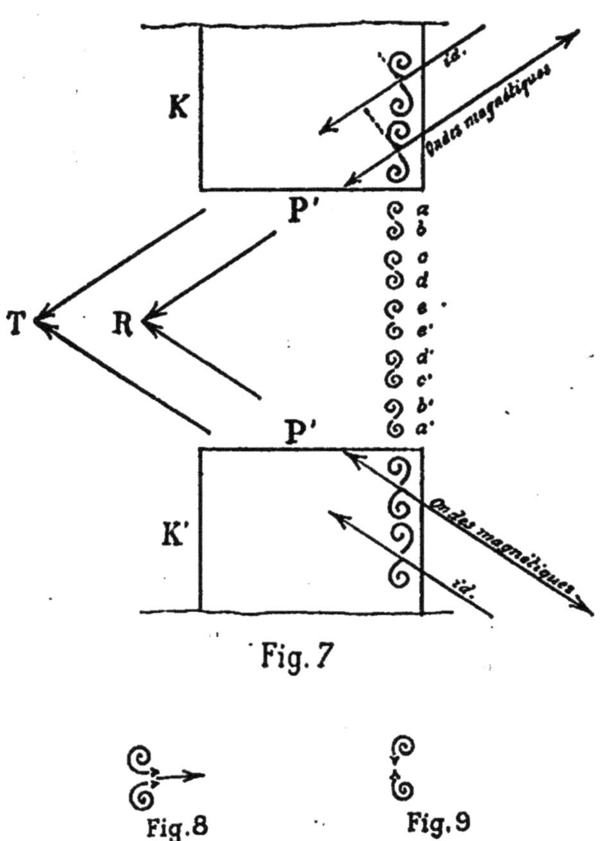

Fig. 7

Fig. 8

Fig. 9

deux ions en présence verront donc s'accroître de plus en plus leur vitesse de rotation, et ils engendreront une zone essentiellement répulsive. Enfin leur attraction propre, activant ce mouvement de rotation chaque fois que les extrémités exté-

(1) Voyez la page 1, troisième paragraphe.

rieures de deux spirales ioniques voisines, après avoir fait 3/4 de tour sur elles-mêmes, se rapprocheront à nouveau l'une de l'autre (fig. 9), il s'ensuivra une accélération continue dans leur mouvement rotatoire (1). Et il pourra même se faire, si la pression du milieu ambiant est insuffisante, que ce mouvement rotatoire s'exagérant devienne capable d'amener le déroulement complet de la spirale atomique, qui, s'enroulant de nouveau, donnera naissance à un nouvel atome. En tout cas on aura là un champ magnétique essentiellement répulsif, dont l'action centrifuge sera encore accrue par les ondes magnétiques *latérales* des deux aimants qui viendront se heurter suivant une ligne T R (fig. 7).

En résumé tout dépendra donc du sens de la rotation des ions en présence. Si ces ions tournent tous dans le même sens, ils limiteront eux-mêmes — pourvu toutefois qu'ils soient en nombre suffisant — leur énergie désagrégative et feront ainsi prévaloir l'énergie centripète sur l'énergie centrifuge; s'ils

---

(1) Peut-être se demandera-t-on pourquoi ces spirales ioniques, pourquoi ces ions ne s'inversent pas, leur pôle boréal venant à la place de leur pôle austral, ce qui donnerait pleine satisfaction à la force attractive qui sollicite deux ions ou deux atomes voisins et qui, comme nous l'avons montré au paragraphe 1 de la page 2 (fig. 1), tend à placer leurs extrémités libres sur un même prolongement. Mais il faudrait pour cela que leur mouvement de rotation eût sinon entièrement disparu, du moins subi un ralentissement considérable. Or justement ce qui caractérise ces ions c'est que la vitesse de leur mouvement rotatoire tend à croître toujours davantage.

Et par là on voit qu'il existera une contradiction manifeste entre la tendance propre à un atome ou à un ion qui, pour satisfaire son instinct centrifuge, tendra à tourner en sens inverse de l'atome ou de l'ion voisin, et la force organisatrice qui, en comprimant ces unités, tendra à ralentir leur vitesse de rotation et, après les avoir inversés, à disposer sur un même prolongement leurs extrémités libres, c'est-à-dire à les contraindre à tourner dans le même sens.

Et, comme preuve de ce principe, on pourrait peut-être citer l'inclinaison de l'axe de la terre, simple atome cosmique, sur l'écliptique ou le déplacement séculaire de ses pôles.

Donc ici encore antagonisme entre la partie, entre la tendance propre à la partie et le tout : tout qui ne devient tout qu'à la condition de maîtriser, mieux encore d'inverser la tendance centrifuge inhérente aux parties qui le constituent.

tournent dans des sens différents, l'énergie centrifuge l'emportera, et seule une compression extérieure pourra désormais modifier à nouveau cet état essentiellement centrifuge (1).

Et ainsi la théorie tout entière de l'aimant pourra elle-même se résumer en disant que soit deux ions, soit deux atomes conjugués donneront naissance — malgré la tendance propre au système *réduit* qu'ils forment, et qui livré à lui-même ne pour-

(1) Qui sait si ce n'est pas là justement la caractéristique qui différencie les divers états de la matière. Un corps dont les atomes tournent sur eux-mêmes en des sens différents est un corps gazeux. Animés d'un mouvement de rotation très rapide, ses éléments s'entraînent les uns les autres et ne doivent qu'à la compression du milieu dans lequel ils sont plongés de ne pas voir ce mouvement rotatoire devenir excessif et nettement destructeur.

Mais que ces éléments viennent à être fortement comprimés et le mouvement de rotation se ralentissant, l'attraction moléculaire va contraindre les atomes à se conjuguer, dût l'un des conjoints s'inverser. Le corps va donc prendre la disposition indiquée à la figure 3 (page 23).

Quant à l'état liquide, il tiendra le milieu entre une force centrifuge prépondérante et une organisation centripète, et il occupera, dans le monde atomique, la place occupée, dans le monde cosmique, par ces planètes dont les axes couchés dans le plan de leurs orbites semblent indécis entre le mouvement direct et le mouvement indirect.

Enfin, si le milieu se raréfie de plus en plus, si les spirales ioniques subissent une pression de moins en moins prononcée, on aboutira à l'éther, dont les spirales infiniment peu comprimées et dépourvues de noyau central pourront — par opposition aux ions atmosphériques à noyau plus ou moins comprimé — être figurés par un vide central entouré d'une très mince pellicule.

Et ainsi nous retrouverons cette constitution de l'éther que nous avons indiquée à la note 1 de la page 13, dans laquelle chaque spirale de l'éther tend à s'ouvrir complètement, grâce à la force centrifuge dont les globes sont animés, mais qui, d'autre part tend à se fermer, comprimée qu'elle est par les autres cellules éthérées.

En résumé donc :

1° Une spirale ionique tendra à s'ouvrir et à se détruire;

2° Plusieurs spirales ioniques tendront à se comprimer mutuellement; si elles y arrivent elles engendreront la matière pondérable.

3° Distendues par une force extérieure à elles, les globes, ces mêmes spirales constitueront l'espace éthéré.

Et ce sera des combinaisons de ces trois états que naîtra le monde visible.

rait que se détruire (1) — à un tout organisé et durable, et que, mis dans une situation telle qu'ils deviendront susceptibles de se détruire *méthodiquement*, ils engendreront, *malgré eux*, des ondes magnétiques attractives, c'est-à-dire ce qui justement confère au tout qu'est l'aimant son activité et son unité.

Il est bien entendu, du reste, que les atomes qui émettront des ions ne feront pas que se détruire, puisque, grâce à l'organisation, à tout moment des ondes nouvelles viendront reconstituer les atomes qui seront en train de se désagréger.

Et par là sera vérifiée à nouveau cette proposition qu'à tout prix il faut faire entrer dans le domaine des faits, c'est que chaque partie d'un tout organisé est *en soi* entièrement étrangère au tout qu'elle constitue, et auquel elle doit aussi bien l'être qu'elle manifeste que la situation qu'elle occupe dans ce tout. Par là se trouvera également vérifiée cette autre proposition, qui du reste est un corollaire de la première : à savoir qu'une partie ne sera apte à constituer un tout qu'autant qu'elle sera susceptible de détruire en elle ce qui justement la constitue partie.

Telle sera, présentée en quelques lignes, la constitution intime de l'aimant métallique, de l'aimant inorganique.

Mais si l'aimant métallique, si l'aimant inorganique a été l'assise première sur laquelle il nous a bien fallu asseoir tout d'abord une idée naissante, notre but était plus haut; et ce n'était là qu'un jalon destiné à nous conduire à l'aimant organique, à l'aimant vivant. Aussi n'insisterons-nous pas.

Et tout de suite, pour montrer les affinités qui existent entre le monde inorganique et le monde organique, nous allons en venir aux modifications qui se produiront dans un aimant formé non plus d'une matière rigide mais d'une substance suffi-

---

(1) Nous avons déjà vu à la page 11 qu'un atome isolé se détruirait nécessairement. On peut en dire autant de deux atomes ou de deux ions conjugués mais considérés en dehors de tout agrégat. Peu à peu, le mouvement d'oscillation de ces atomes ou de ces ions s'accroîtrait, il se transformerait rapidement en un mouvement de rotation, et les deux atomes ou les deux ions, s'inversant et tournant désormais en deux sens différents, ne pourraient que s'éloigner de plus en plus l'un de l'autre, c'est-à-dire s'isoler et par là se détruire.

samment malléable. Ces modifications seront d'ailleurs nombreuses, et non seulement elles conféreront à l'aimant des propriétés toutes nouvelles, mais elles le transformeront radicalement. Moins rigide, plus près de la vie, l'aimant tendra alors à prendre plus ou moins la forme de son champ magnétique et à devenir lui-même un être vivant.

Et dans ce nouvel ordre d'idées, deux cas très différents l'un de l'autre vont se produire :

1° Si les ondes qui circulent dans l'aimant parallèlement à la ligne des pôles sont *brutales*, l'aimantation, ou si l'on veut, la vie, sera rudimentaire, et, dans ce cas, les transformations se succéderont dans l'ordre suivant (1) :

(1) Il est bien entendu que nous n'avons plus en vue ici l'aimant d'acier ou de fer doux qui, on le sait, n'est aimanté qu'à la surface et ne se laisse pas pénétrer par les ondes magnétiques. Nous n'avons pas non plus en vue un aimant qui serait susceptible de conserver son aimantation par lui-même, ce qui implique une rigidité incompatible avec les modifications dont il s'agit. Nous entendons parler d'un aimant *qui recevrait constamment de l'extérieur des ondes nutritives*. Nécessairement alors ces ondes nutritives provoqueront en lui la structure que nous indiquons.

Il y aura donc une sorte de contradiction entre la matière dont sera fait l'aimant, la stabilité de son aimantation et la facilité avec laquelle il se prêtera aux modifications qui le solliciteront.

Si l'aimant est fait d'une matière très consistante, d'acier par exemple, il conservera aisément son aimantation mais sa forme ne variera pas. Dans ce cas, il manifestera une activité rudimentaire et ce sera tout. Si, au contraire, il est fait d'une matière peu consistante, il sera, il est vrai, impuissant à conserver par lui-même son aimantation et il devra recevoir constamment de l'extérieur des ondes nutritives, mais il sera alors susceptible de se modifier. Et ceci explique pourquoi le fer doux, trop rigide encore pour se modifier mais pas assez cependant pour demeurer aimanté, est inapte à recevoir une aimantation *persistante* et doit, pour devenir un aimant, être influencé, c'est-à-dire traversé par des ondes venues de l'extérieur. Ceci explique aussi l'antagonisme qui existe entre l'être inorganique, trop rigide pour se modifier, et l'être vivant plus ou moins plastique capable de progrès.

Nous retrouvons donc ici l'éternelle contradiction, qui se dresse à toutes les bornes du chemin, entre le support tangible mais inerte de la chose en soi et la chose en soi, qui apparaît ainsi comme la loi et le principe organisateur des éléments sur lesquels elle s'appuie, mais qui, bien loin d'être enfantée par eux, les empêche seule de retomber dans le néant.

a. Une première compression due aux ondes magnétiques venues des pôles et figurées en A, B (fig. 10), se produira au centre L de l'aimant. Pressé de part et d'autre le centre tendra alors à se déformer suivant les directions $\mu\gamma$ (1).

b. Les molécules intérieures de la branche boréale sollicitées par la direction descendante des ondes magnétiques intérieures D, E, viendront s'unir en A, se heurteront à la masse centrale L, et, bifurquant de part et d'autre, chasseront de plus en plus vers l'extérieur les particules centrales de l'aimant. Par contre, les molécules extérieures de cette même branche, entraînées peu à peu par la direction ascendante des ondes magnétiques extérieures, s'élèveront vers le pôle boréal dont l'importance ira ainsi toujours en s'accroissant.

c. Pendant ce temps les molécules intérieures de la branche australe, sollicitées également par la direction descendante des ondes magnétiques G, H, auront pris la direction K, tandis que

Et à ce sujet, une dernière remarque. Ampère pensait que toutes les molécules sont parcourues par des courants électriques fermés, de sorte que chacune constitue à elle seule un petit aimant. A l'état naturel, croyait-il, les molécules étant dirigées en tous sens, leurs actions s'équilibrent; mais que ces molécules viennent à s'orienter dans un même sens, un courant continu s'établit et les propriétés de l'aimant apparaissent. Il y a là une erreur, en ceci du moins que non seulement l'aimantation oriente dans un même sens toutes les molécules, mais que les vibrations *très faibles* de ces molécules, quand le barreau n'est pas aimanté, se trouvent accrues dans de grandes proportions par l'aimantation. Quoi qu'il en soit du reste, il est évident que si une certaine orientation des molécules est nécessaire pour que l'aimantation se produise, c'est donc que les molécules ne sont pas symétriques, ne sont pas par exemple parfaitement rondes, puisqu'il est évident que ce qui est parfaitement rond possède en tous sens les mêmes propriétés. Et ainsi se trouve confirmée l'hypothèse d'atomes-spirales sur laquelle repose la présente théorie.

Mais cette remarque a une autre portée. Elle montre que l'organisation ne se contente pas de mettre en valeur des propriétés *supposées inhérentes* aux parties constitutives du tout, mais qu'elle *crée elle-même* ces propriétés, qui, considérées en dehors de toute organisation, c'est-à-dire de tout ensemble, n'auraient aucune existence.

(1) Nous avons déjà, à la note 1 de la page 24, indiqué la raison de ce fait. Les cellules organiques, comme les cellules musculaires, pressées de part et d'autre par le filet magnétique dont elles font partie, finissent par glisser latéralement et accroissent ainsi vers son milieu l'épaisseur de l'organe ou de l'être considéré.

les particules extérieures de cette même branche, entraînées par les ondes magnétiques extérieures se seront élevées vers le milieu de l'aimant. La branche australe tendra donc à prendre une disposition en pointe.

En un mot, soit dans la branche boréale, soit dans la branche australe, il y aura entraînement de haut en bas à l'intérieur, et de bas en haut à l'extérieur.

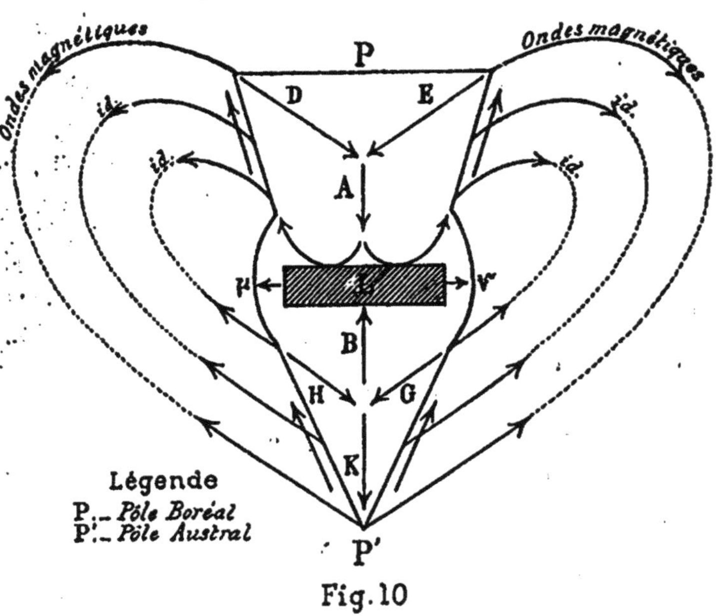

Fig. 10

Un aimant, ou mieux un corps malléable, constamment traversé par des ondes qui en feront un aimant plus ou moins stable, tendra donc à prendre la forme générale suivante : P ⊏═══⊐P' (P étant le pôle boréal, P' le pôle austral), forme qui se trouve précisément être une forme très répandue dans la nature, et qui, dans son ensemble, rappelle tout à la fois le

têtard, les poissons et une foule de racines telles que la bette-
rave ou la carotte (1).

2° A mesure que les ondes magnétiques perdront de leur
brutalité native, la vitalité de l'aimant s'accroîtra, et une méta-
morphose analogue à celle qui se produit chez le têtard aura
lieu (2). Peu à peu alors les ondes magnétiques qui tout à
l'heure — parce qu'elles avaient encore une trop grande brutalité — comprimaient la partie centrale de l'aimant (3), et
déterminaient là une sorte d'ossature rigide, pénétreront jusqu'à
son centre, dont les particules seront rejetées à droite et à
gauche, en même temps que l'aimant se divisera en deux :

(1) On pourrait dire aussi — afin, dès maintenant, de préparer une
analogie qui, dans la suite, se trahira elle-même — que l'aimant inor:
ganique, dans sa hâte à devenir un aimant vivant, court d'emblée
jusqu'à son horizon — qui dans l'espèce est, d'une part son pôle
boréal, d'autre part son pôle austral — ou bientôt il s'arrête — d'une
part congestionné, de l'autre épuisé — incapable désormais de produire
une forme plus haute. Pour avoir d'emblée perdu l'équilibre dans un
sens donné et avoir laissé se poursuivre jusqu'au bout une même manifestation, il demeure enfin imparfait et excessif dans sa double tendance
primesautière.

(2) Puisque l'occasion se présente de dire un mot de la métamor-
phose du têtard, remarquons que, si les êtres vivants, les poissons par
exemple, qui ont une forme plus ou moins analogue au têtard, ne sont
l'objet d'aucune modification équivalente à celles que subit le têtard,
c'est parce qu'ils se sont d'emblée trop spécialisés et ont perdu ainsi
toute plasticité.

Et la conclusion qui sort de là, c'est que l'être qui ne sait pas, ou
qui ne peut pas *résister* à la première impulsion de son être naissant,
qui ne cherche pas enfin à *enrayer* ou à *résorber*, ou mieux encore à
détruire, du moins en partie, cette première manifestation de son
activité, devient par là même inapte à de nouvelles modifications. Bien
loin d'être le centre causal d'où surgira l'être plus parfait qui lui succédera, il en est alors la négation. Aussi, contrairement aux idées les
plus généralement reçues, tout l'art consistera-t-il pour l'être capable
de synthèse à ne pas « aller jusqu'au bout » de cette première tendance
qui le convie traîtreusement à plus de vie. S'arrête-t-il à temps, il
progresse ; continue-t-il son évolution en ligne droite, il tombe bientôt
épuisé et n'est plus désormais qu'un obstacle au progrès. Et, dans
ce cas, il ne peut plus que contribuer à former la carapace — nécessairement excentrique à la source des choses — derrière laquelle s'abritera l'être plus complexe qui nécessairement suivra (Voyez la note 1
de la page 15).

(3) Voyez la page 41, premier paragraphe.

d'une part sa branche boréale, de l'autre sa branche australe (1).
A nouveau la disposition de l'aimant se modifiera donc complètement. Les particules australes extérieures qui, jusque-là, glissant le long de l'aimant, montaient vers le pôle boréal, se joindront aux particules rejetées à droite et à gauche du centre et se disposeront en filets sous l'action des ondes magnétiques extérieures qui, contournant la partie centrale, désormais vide, de l'aimant, relieront la branche australe à la branche boréale. Elles détermineront donc là la formation d'un bourrelet plus ou moins considérable qui deviendra le lien extérieur de l'articulation centrale.

Et ainsi, en même temps que l'aimant tendra à se partager par son milieu, les particules solides qui auront glissé latéralement, s'accumuleront de plus en plus de part et d'autre de cette articulation centrale qu'elles relieront.

(1) C'est en effet ce qui arrive pour les articulations les plus parfaites et chez lesquelles la partie centrale de l'aimant est complètement résorbée. Toutefois, dans certaines autres articulations, cette partie centrale, à laquelle l'embryologie a donné le nom de disque intermédiaire de Henke et Reiher, subsiste en partie, et la distribution de l'aimant vivant se rapproche alors de celle de l'aimant purement métallique.

« Dans le cours du développement des articulations, dit M. Oscar Hertwig (*Traité d'embryologie de l'homme et des vertébrés*, traduit en français par M. Charles Julin, professeur à la Faculté de médecine de l'Université de Liège, p. 711 et 712), on observe les phénomènes généraux dont nous allons parler.

» Les ébauches cartilagineuses primitives des os, de la cuisse et de la jambe, par exemple, sont séparées, pendant les premiers stades du développement, par un tissu intermédiaire, abondamment pourvu de cellules (disque intermédiaire de Henke et Reiher), qui occupe la place où se développera plus tard la cavité articulaire. Ce disque intermédiaire se réduit plus tard... Souvent il disparait complètement, de telle sorte qu'alors les faces terminales des pièces squelettiques s'appliquent largement et immédiatement l'une contre l'autre (articulations à surfaces concordantes)...

» Le processus du développement est un peu différent lorsque les surfaces articulaires sont discordantes. Alors les extrémités des cartilages ne reposent pas immédiatement l'une contre l'autre... Elles sont séparées par un reste plus ou moins volumineux du disque intermédiaire, qui prend alors une texture de plus en plus fibreuse, de plus en plus résistante. »

Enfin, l'aimantation gagnant de plus en plus les parties profondes de l'aimant, une nouvelle tendance longitudinale à la rupture, qui n'aura d'autre cause que le choc dû à la rencontre intérieure des ondes magnétiques, se produira à leurs points d'intersection A, E, F, G, H, I (fig. 11) et suivant la ligne intérieure PP' des pôles.

En résumé donc, dans le cas où les ondes magnétiques, tout en perdant de leur première brutalité, acquerront une puissance suffisante, c'est-à-dire dans le cas où la vitalité de l'aimant s'accusera, un double résultat sera atteint.

Tandis que l'aimant tendra, comme nous venons de le dire, à se séparer transversalement en deux par son milieu, suivant µν, il tendra en même temps à se fendre dans le sens de sa longueur, suivant PP'.

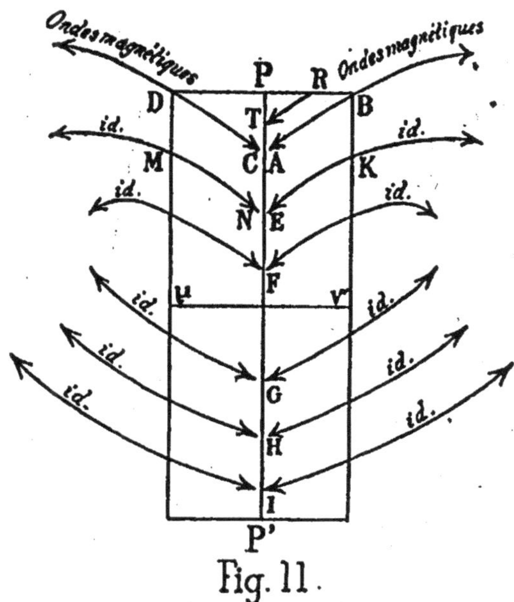

Fig. 11.

Toutefois, d'une part, cette dernière coupure longitudinale ne s'étendra pas jusqu'au pôle boréal de l'aimant, parce que les ondes magnétiques parallèles à AB et CD, qui circulent dans la zone comprise entre le point P et les points DCAB (fig. 11), étant de plus en plus faibles à mesure qu'elles se rapprochent du pôle P (par exemple TR $<$ AB), il n'y aura là qu'une cause de rupture longitudinale insuffisante (1); et, d'autre part, cette même coupure longitudinale ne pourra se produire au centre même de l'aimant puisque, l'aimant étant rompu en ce point, toute cause de rupture *longitudinale* aura elle-même disparu.

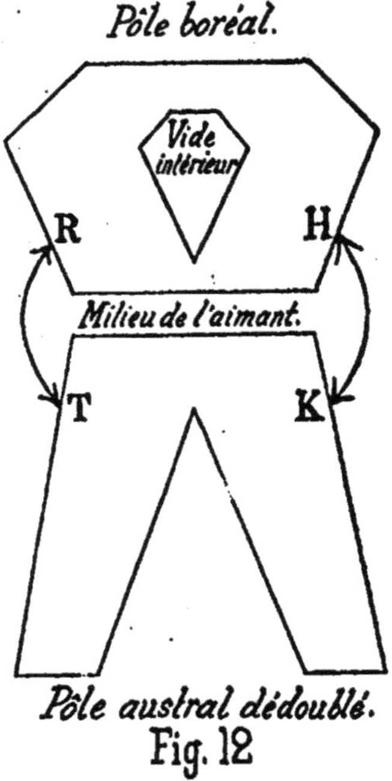

Fig. 12

Et par conséquent, pourvu toutefois qu'on ait affaire à un aimant fait d'une matière suffisamment malléable et traversé par des ondes suffisamment puissantes, cet aimant prendra la

(1) Une autre cause de la non-rupture du pôle boréal, ou plutôt la même cause envisagée à un point de vue différent, c'est que tout pôle est en soi une puissance attractive. Or cette puissance attractive, qui sera tenue en échec au pôle austral par l'action descendante des ondes magnétiques intérieures, l'emportera au contraire au pôle boréal grâce à la direction des ondes de cette branche, dont la résultante A (fig. 10) n'acquerra qu'un peu plus bas, et à mesure qu'elle recevra de nouvelles ondes AB, DC, EK, MN, etc. (fig. 11), une force suffisante pour ouvrir l'aimant.

disposition que nous indiquons à la figure 12, et qui n'est autre dans son ensemble que la forme générale du corps humain. Son pôle austral se dédoublera, pendant qu'une cavité se formera entre son centre et son pôle boréal.

En même temps donc qu'un tel aimant tendra — cela encore une fois pour la raison que nous avons dite à la page 43 — à se partager en deux par son milieu, laissant d'un côté sa branche boréale, de l'autre sa branche australe, il conservera son unité grâce aux matériaux, grâce aux atomes qui auront été entraînés par les ondes magnétiques à droite et à gauche de son centre, et qui sont représentés sur la figure 12 par les courbes RT et HK.

Ajoutons tout de suite que ces matériaux formeront les muscles chez les êtres vivants. En liant extérieurement l'aimant, ils s'opposeront donc à sa tendance désagrégative centrale, et formeront là une véritable articulation; cela, pendant que les deux parties latérales de l'aimant qui, en s'écartant l'une de l'autre, tendront à le diviser longitudinalement, suivant la ligne des pôles, seront reliées entre elles, d'une part par le centre, de l'autre par le pôle boréal.

En un mot chaque partie de l'aimant ou de l'être vivant sera fixée au tout par une autre partie qui, elle-même tendra, par sa nature propre, à diviser, c'est-à-dire à briser, à détruire — et à tuer s'il est vivant — ce tout.

Et, pour en revenir au principe philosophique qui fait le fond du débat, ce sera là la meilleure condamnation de tout égoisme.

C'est dire en effet que, soit dans l'aimant, soit dans l'être vivant, aucune partie ne contribuera, en tant qu'elle sera partie et par là perceptible aux sens, à constituer le tout, mais que ce sera, au contraire, en se désagrégeant, en se fondant plus ou moins elle-même, que la partie deviendra le lien qui seul constituera le tout. Ce lien, ce principe d'union, fait de la *fusion* des diverses parties d'un même tout, ne sera par conséquent nullement une prolongation, un développement, une affirmation des parties qu'il reliera; il sera leur négation.

Mais nous voilà une fois de plus en face de cette éternelle

vérité : la partie est par essence l'antinomie du tout qu'elle contribue à former; elle est la négation visible du tout invisible qu'elle dissimule et qu'elle supporte. Mieux encore, non seulement elle n'a aucun être, mais elle ne possède d'autre propriété que celle d'être en pleine opposition avec toutes les propriétés de l'être. Elle est enfin à l'être ce que l'étain est au rayon lumineux qu'il réfléchit, ce que la fleur est à la couleur qu'elle renvoie, ce que les particules solides de la photosphère solaire sont à la chaleur qu'elles rayonnent ; l'un est le tout, l'autre est le rien : rien pourtant, hâtons-nous d'ajouter, sans lequel le tout cesserait d'exister.

On comprend alors que ce ne soit pas en s'affirmant ce que *visiblement* elle est déjà que la partie contribue à la formation du tout — elle n'arriverait par là qu'à sa négation, — mais que ce soit en s'effritant de plus en plus et en s'éliminant elle-même. Et comme, d'autre part, la partie, la différenciation est seule à entrer dans la composition de l'univers visible, inorganique ou organique, comme seule elle est accessible aux sens, on comprend aussi que la *dissolution* du déjà existant, le sacrifice toujours renouvelé du *moi* local et tangible, atome, organe ou personne, demeure la grande loi des choses et la condition *sine qua non* de tout progrès comme de toute activité.

Loin donc que l'être tangible soit la source des êtres ou des tendances plus synthétiques qui s'étageront aux différents gradins de l'espace et du temps, simple pétrification de sa propre cause, il ne sera que la pierre tombale de cette même cause, qui ne pourra par conséquent le faire revivre et lui rendre sa fécondité, perdue par sa pétrification même, qu'autant qu'il se laissera désagréger et donnera prise à la dissolution.

Loin que l'être tangible, quel qu'il soit, soit le centre et le point de départ des choses, non seulement il n'enfermera pas en son sein le principe de ses opérations, mais il sera, par sa nature même, essentiellement excentrique à sa cause; et de même que chercher dans une partie quelconque de l'aimant le principe d'activité qui lui confère son être est d'emblée courir à l'erreur ; de même étudier une partie quelconque de l'univers indépendamment des autres parties, pour ensuite, de cet amas de morceaux, pas même soudés, juxtaposés seulement, car toute soudure exige un commencement de fusion dont à aucun prix on ne veut, aujourd'hui, prétendre reconstituer le tout, conduira fatalement à la plus terrible des méprises.

Loin enfin que la cause, le tout vu en soi, le principe organisateur de l'être dévale lui-même, avec les choses visibles et avec ce courant tout de surface qu'on appelle le temps, vers un avenir inconnu, il remonte, il est cette force qui, en sous-main, revient en arrière; et supposer qu'on a atteint son dernier terme, ce serait du même coup admettre que l'être tangible a entièrement disparu et qu'on est revenu à l'origine des choses.

CHAPITRE III

LA DISSOLUTION ATOMIQUE OU CELLULAIRE
L'ORGANISATION ET LA VIE

Tout l'effort de la discussion philosophique qui fait le fond de cet ouvrage a tendu à montrer que la *dissolution* de l'être *matériel* est la condition *sine qua non*, aussi bien de l'activité du monde cosmique, de l'aimant ou de l'organisme humain, que de l'apparition de la vie et de l'esprit. Est-ce à dire pourtant que cette dissolution, cette destruction doive être absolue? Nullement ; mieux encore — et ici nous employons les termes dont s'est lui-même servi Claude Bernard pour expliquer des faits plus ou moins semblables, sans d'ailleurs qu'il ait semblé, on ne sait trop pourquoi, y attacher d'autre importance : *La destruction*, dans un être organisé, aimant (1) ou organisme humain, *de l'élément matériel* sera la condition de *sa* rénovation. Elle ne sera donc pas seulement la condition de son activité, elle le sera aussi de sa durée. Autrement dit, — et le montrer sera l'objet de ce chapitre, — tout élément qui se dissoudra dans un tout organisé sera *reconstitué*, et ce sera cette destruction là même qui sera la condition de sa rénovation.

(1) Il est bien entendu cependant que l'aimant métallique n'est pas, à proprement dire, un être organisé. Il est seulement une tendance vers l'être organisé plus accentuée qu'un barreau d'acier à l'état de pure nature, mais qui a cependant encore infiniment plus de non-être que d'être. Aussi est-ce surtout de l'aimant vivant que nous voulons parler ici. Chez l'aimant inorganique, l'organisation sera donc insuffisante pour permettre une rénovation complète, et, si lente soit l'usure, elle n'en sera pas moins une réalité.

Et nous pourrions même ajouter qu'elle sera la condition de son être puisque, sans la destruction atomique, les atomes ne s'attireraient pas; ne s'attirant pas, ils ne se heurteraient pas, et, ne se heurtant pas, ne se condenseraient pas, c'est-à-dire ne seraient pas atomes. Enfin, comme, d'autre part, ce qui constitue l'essence de l'élément matériel ne peut se maintenir dans la réalité qu'à la condition de devenir atome, sans la destruction atomique, qui pousse l'un contre l'autre deux atomes et par là les condense, l'élément matériel lui-même, et avec lui toute espèce d'organisation, retomberait dans le néant (1).

Amenés à considérer les modifications générales auxquelles donne lieu le passage de l'inorganique à l'organique, nous avons, dans le chapitre précédent, étudié la coordination des forces qui constituent un aimant, mais nous n'avons qu'en passant (page 39) fait allusion à ce fait que si l'aimantation provoque, dans l'aimant métallique, une certaine dissolution atomique, elle détermine aussi une véritable rénovation qui, à tout moment, rapporte en quelque sorte — mais sans cependant pouvoir jamais ni l'accroître, ni même la reconstituer en entier, — à l'atome en train de se détruire, l'énergie qu'il dissipe et dont en définitive il est fait.

Il nous reste à entrer dans quelques détails, et à montrer que, chez l'être vivant, non seulement l'organisation, en même temps qu'elle modifie la forme générale de l'aimant, rétablit dans son intégrité l'élément ou plus exactement la cellule ou l'organe vivant, mais que, *grâce à des réactions plus lentes*, elle leur communique une fécondité d'où naît un accroissement indéfini de vie.

Il nous reste à montrer, autrement dit, que, chez l'être vivant, non seulement, comme dans l'aimant métallique, chacune des parties du tout doit son être aux autres parties du même tout, mais que les combinaisons qui se produisent entre ces parties, les rapports qui s'établissent entre elles, perdant de plus en plus de leur brutalité première — brutalité nécessaire à l'origine pour bien asseoir le monde matériel et le soustraire au néant, mais

(1) Voyez les pages 1, 2, 3 et 4.

qui a pour conséquence de rendre peu malléable, trop matérielle, excessive enfin dans sa caractéristique propre chacune de ces parties, — il n'y a plus simple rénovation du tout organisé, mais accroissement et développement de ce tout.

Or, pour le faire voir, il nous faut dès maintenant mettre bien en vue la distinction fondamentale qui existe entre la dissolution chez l'être inorganique et la dissolution chez l'être organique. Nous verrons que chez le premier la dissolution est toujours plus ou moins brutale et extérieure, et que c'est toujours par son extrémité *extérieure*, par sa partie superficielle que la spirale atomique commence à se désagréger, cela pendant que son noyau se condense et se matérialise de plus en plus (1); tandis que chez le second la dissolution est intérieure et lente, et que, l'atome vivant se désagrégeant par sa partie centrale, il en résulte une dématérialisation progressive de son être tout entier.

Et comme d'autre part il est acquis qu'une condensation excessive amènera fatalement la destruction totale de l'atome (2), tandis qu'une condensation moindre assurera l'intégrité de son être, il suit de là qu'il existera chez l'être organique une *rénovation fécondante*, tandis qu'il se produira une *usure* chez l'être inorganique : usure qui d'ailleurs pourra ne pas exclure une rénovation, suffisante il est vrai pour rétablir, plus ou moins, dans son état premier, le corps qui se dissout, mais qui, bien loin d'accroître sa vitalité, finira toujours par prendre le dessus et par le désagréger entièrement.

En résumé donc, deux cas de dissolution atomique :

Ou bien la destruction de l'élément matériel sera *extérieure*, *brutale* et *complète*, et alors la matière se dissoudra de plus en plus et ira se perdre dans l'espace qu'elle raréfiera; ou bien la destruction de l'élément matériel sera *intérieure*, *lente* et *incom-*

(1) Nous avons vu à la page 2, troisième paragraphe, et aussi aux pages 5 et 6, que c'était seulement grâce à des heurts nécessairement violents ou à des réactions fatalement brutales que l'élément matériel avait pris forme. C'est la même idée que nous présentons ici sous un jour différent.

 .) Encore une fois, voyez la page 4, premier paragraphe.

plète, et, dans ce cas, elle deviendra organisatrice, fécondante, et tendra vers l'idée organique, pour plus tard aboutir à l'esprit.

Ajoutons enfin que plus la destruction atomique sera harmonieuse et pondérée, mieux aussi elle saura provoquer la reconstitution de l'élément détruit qui, né sous un régime moins brutal, verra lui-même accroître sa propre fécondité.

Mais, avant d'entrer plus avant dans le détail des faits, à nouveau résumons-nous :

Nous avons eu surtout pour but, dans le premier chapitre, de faire ressortir la loi qui, à l'origine des choses et à une époque où l'élément matériel et l'éther étaient peu différenciés, a réglé les combinaisons purement inorganiques du monde cosmique. Et nous avons vu, d'une part, que toute énergie, tout mouvement qui se dégage laisse un résidu plus dense, plus stable que le corps primitif, plus tenace par conséquent dans sa caractéristique matérielle, et dont la tenacité tend à s'accroître *de plus en plus* au cours des modifications qu'il subit (pages 5 et 6) ; d'autre part, nous avons constaté qu'un corps qui tend vers une stabilité, vers une densité et une rigidité *trop grande*, devient impuissant à se maintenir dans le domaine de la réalité (page 4).

Il saute donc aux yeux que le règne inorganique porte en lui un vice de conformation tel que cette activité-là même qui tout d'abord a engendré la matière tendra nécessairement ensuite, et par le seul fait de son propre jeu, à la détruire, puisque, à mesure que la matière se fait plus dense, elle devient en quelque sorte plus *cassante* et acquiert ainsi peu à peu une tension qui amènera fatalement sa désagrégation spontanée (1).

(1) Disons tout de suite que cette désagrégation spontanée explique fort bien la radio-activité remarquable de certains corps à poids atomique considérable.

On voit du reste la progression. Une première combinaison engendre d'une part de l'énergie, de l'autre un résidu matériel ; une seconde combinaison arrache de nouveau au résidu restant une partie de ce qui lui conférait son élasticité relative, et de ce fait accroît sa densité et sa stabilité. Il arrive donc un moment où le résidu est condensé au maximum. Et alors il tend nécessairement à se détruire ; d'où l'intensité de son pouvoir radio-actif. Et d'où aussi sa pente vers le néant.

Enfin, ajoutons qu'on trouve également là l'explication de ce phénomène aujourd'hui bien connu : à savoir que certains corps non radio-actifs ou infiniment peu radio-actifs le deviennent si on les comprime.

Visiblement donc, la tendance destructive, la force centrifuge finira par l'emporter sur la tendance organisatrice, sur la force centripète. Et alors le monde inorganique tout entier apparaît comme une première erreur de la Nature, dont l'exaltation même devient la cause de sa ruine.

C'est là dire que, dans le monde inorganique, il y aura excès des deux côtés : d'une part la matière tendra à être trop matière, de l'autre l'énergie tendra à être trop énergie, c'est-à-dire á se séparer de plus en plus de l'élément matériel.

Et pour prendre une comparaison dans le monde moral, de même que l'erreur ne peut durer qu'autant qu'elle ne s'affirme pas trop et s'abrite sous des formules vagues et indéfinies, de même la matière, qui ne sera elle-même que l'erreur tangible d'une nature engagée dans une impasse, ne pourra subsister qu'autant qu'elle ne prendra pas une forme trop rigide et cassante. L'une comme l'autre dépassent-elles une certaine limite, donnent-elles suffisamment prise à une énergie plus plastique, esprit ou éther, se font-elles cassantes ou autoritaires, d'un coup — privées qu'elles sont alors de cette élasticité relative qui seule assurait l'intégrité de leur être — elles s'écroulent dans une déflagration violente ou disparaissent dans une révolution sanglante. Et si, dans un cas, l'énergie s'échappe brusquement ne laissant là qu'un résidu inerte, dans l'autre le sang coule à flots ne laissant là que des cadavres.

Tel sera donc — à moins pourtant qu'une action en sens contraire ne se produise à temps — le sort réservé au monde cosmique : une naissance, un âge mûr et une mort qui n'aura d'autre raison d'être que l'excès même de la cause qui lui a donné naissance.

Et de là l'anéantissement final de deux différenciations en sens contraire qui, pour s'être trop isolées, retomberont ensemble dans le néant en devenant brusquement une seule et même chose.

Et nous n'avons plus maintenant à voir que comment les choses vont se passer chez l'être organisé, c'est-à-dire chez l'être qui tend soit vers le mieux, soit vers la vie.

Nous venons de dire que si la destruction atomique, si la combinaison chimique est *lente*, elle devient organisatrice, fécondante et, tout en tendant vers l'idée organique, provoque la reconstitution de l'élément détruit qui alors s'imbibe lentement lui-même de l'énergie, tout d'abord extérieure, qui l'animait.

Essayons donc brièvement de voir comment cette fécondité —qui ne sera plus seulement le *statuquo* harmonieux de l'aimant métallique — est acquise, et comment une réaction *lente*, se substituant à une réaction *brusque*, sait tout à la fois retenir en son sein l'énergie de mouvement, multiplier les éléments constitutifs du corps primitif et pénétrer chacun d'eux d'une vitalité croissante.

Pour bien asseoir l'idée, supposons tout d'abord qu'une spirale atomique ou un amas de spirales atomiques, au lieu de s'ouvrir brusquement, produisant d'une part de l'énergie libre, de l'autre un résidu du même coup condensé, s'ouvre lentement. Il arrivera un moment où le noyau central plus dense ne pourra plus se maintenir au centre de l'atome ou de l'amas d'atomes (1).

Comme un corps solide quelconque placé au milieu d'un tourbillon, il se rapprochera alors peu à peu de la périphérie et finira par passer au travers de son enveloppe extérieure. Puis il viendra peser sur cette même enveloppe dont il arrêtera la désagrégation et qu'il obligera à se contracter à nouveau (2).

(1) Il ne faut pas perdre de vue que tout atome ou tout amas d'atomes est animé d'un mouvement de rotation sur lui-même ou du moins d'oscillation qui engendre une force centrifuge. Nous en avons donné la raison à la note 2 de la page 2.

(2) Nous ne voulons pas échafauder sur ce simple aperçu toute une théorie cosmogonique, mais, à notre sens, c'est là la raison pour laquelle la surface terrestre est plus dense, plus ferme que celle des autres planètes connues. La Lune est ce noyau originel de la Terre qui, en déchirant son enveloppe, lui est devenue extérieure et, par son poids, l'a consolidée. Elle est à la terre ce que la gaine ligneuse est à la cellule végétale qu'elle entoure.

Née elle-même sous un régime essentiellement brutal, elle a été soumise à des réactions violentes qui en ont fait un corps plus ou moins incandescent, mais elle a, par son action, empêché, du moins en partie et pour un temps, la terre d'atteindre cet état extrême, et lui a ainsi conservé sa fécondité.

Autrement dit, et contrairement à l'opinion unanime du monde savant, la terre n'aurait jamais été à l'état incandescent.

On aura donc deux atomes au lieu d'un ou deux amas d'atomes au lieu d'un seul amas d'atomes ; et ces deux atomes ou ces deux amas d'atomes n'ayant pas été soumis à une réaction trop brutale posséderont, surtout dans leur partie centrale, une stabilité, une densité plus faible que celle de l'atome ou de l'amas primitif d'où ils sont sortis, et dont les noyaux seront venus former la carapace extérieure qui les abritera. Ils seront d'ailleurs tels que celui qui aura été engendré par l'autre conférera à son tour, en s'opposant à sa désagrégation, l'être ou la vie à celui qui l'aura engendré.

Que l'on suppose ce phénomène se répétant indéfiniment et on aura une idée de la fécondité de l'être organique (1).

Et tout de suite alors apparaît un corollaire que, malgré son importance, nous ne pouvons que signaler ici : tandis que les rapports *extérieurs* qui s'établiront entre deux corps inorganiques seront plus ou moins brutaux, passionnels, et finiront toujours par porter atteinte à l'intégrité de l'être matériel qu'elles

(1) Il faut bien comprendre l'inversion qui se produira dans une combinaison *lente* et qui, tout en dédoublant de plus en plus les éléments constitutifs, les dépouille de plus en plus aussi de leur rigidité.

Il faut bien comprendre également que c'est là la différence fondamentale qui sépare l'inorganique de l'organique. La partie *superficielle* de l'élément matériel se dégage-t-elle librement au dehors, le résidu n'est qu'un amas inorganique (p. 6); cette partie superficielle est-elle, avant d'avoir pu s'ouvrir outre mesure, *contrainte*, par son noyau extériorisé, de se contracter à nouveau, l'inorganique tend vers l'être vivant.

Ce qui ne veut pas dire pourtant que, dans l'inorganique, il n'y aura pas de ces inversions, mais seulement que là, l'inversion se produisant toujours plus ou moins brutalement, le résidu possédera en fin de compte une densité supérieure à celle du corps primitif, tandis que cette densité ira constamment en s'atténuant dans le règne organique.

Enfin il faut bien comprendre que cette première tendance vers la vie enfantera tout d'abord des êtres vivants qui tous seront enfermés dans une carapace solide. Et c'est bien là, en effet, ce qui s'est produit.

« L'étude de l'embryogénie nous montre, dit M. A. Gaudry, qu'à l'origine les granules nutritifs restent dans le centre et que les granules destinés à se changer en blastoderme se portent vers la périphérie ; c'est là que l'organisation commence. Il peut en avoir été ainsi dans l'évolution générale du monde animal : les animaux auront eu d'abord une solidification externe, c'est ce que nous appelons l'état crustacé; plus tard ils auront eu un axe central ossifié, c'est ce qu'on nomme l'état vertébré. » *(Les Enchaînements du monde animal, Fossiles primaires,* p. 250.)

tendront à séparer de son énergie de mouvement, chez l'être organique au contraire, qui saura franchir, sans s'y arrêter, la surface extérieure de l'être avec qui il voudra entrer en communication, et viendra, après avoir influencé *directement* son centre, le mettre en mouvement, il y aura tout à la fois accroissement continu de son être et échanges réciproques entre les deux conjoints, dont chacun devra à l'autre l'être plus parfait qu'il deviendra. Et, tandis que chez le premier la communication ne s'établira et l'affinité ne se manifestera qu'avec une certaine violence — d'où, nous l'avons vu à la page 3 et à la note 1 de la page 53, la matérialisation de plus en plus accentuée de l'énergie restante qui, en devenant excessive, finira par se désagréger brusquement lorsqu'elle aura atteint sa densité maxima, — chez le second, la communication s'établira par une opération toute immatérielle et sans qu'il y ait contact, c'est-à-dire heurt, entre les deux êtres organiques, dont les centres, dont les âmes se seront pénétrées. Tandis enfin que, dans le premier cas, il y aura communication *directe* entre deux corps nettement matériels et communication *indirecte* et lointaine entre leurs centres, qui eux-mêmes se matérialiseront toujours davantage, dans le second cas, il y aura communication *directe* entre deux centres qui se videront de plus en plus de matière, et communication *indirecte* entre deux surfaces dont chacune, libérée de toute contrainte extérieure, ne se laissera désormais influencer que par l'onde infiniment subtile et pénétrante qui émanera du centre de moins en moins dense, c'est-à-dire de plus en plus immatériel, de l'autre(1).

(1) Comme exemple de ces deux procédés si distincts et pour rendre la chose plus tangible, on pourrait citer d'une part les rayons X, l'électricité ou la médication interne, de l'autre le bistouri, les cataplasmes ou les vésicatoires. Tandis en effet que les rayons X, l'électricité ou la médication interne pénètrent *directement* à l'intérieur du corps organique où elles produisent l'effet cherché, le bistouri, les cataplasmes ou les vésicatoires ne peuvent, au contraire, agir à l'intérieur qu'après avoir commencé par localiser leur action à l'extérieur, quitte à léser les parties superficielles du patient. D'un côté donc, l'action de l'agent extérieur se heurte à la partie extérieure de l'être sur lequel il veut agir, de l'autre cette action traverse, sans s'y arrêter, une première surface pour venir agir d'emblée dans les profondeurs de l'être.

En un mot, tandis que, si la destruction atomique est brutale et extérieure, la partie superficielle de l'atome, la partie en quelque sorte vivante de l'atome s'ouvre brusquement et, sous forme de mouvement, s'élance dans l'espace ne laissant qu'un résidu fortement condensé — résidu qui violemment comprimé demande alors une force de plus en plus brutale pour être désagrégé, et devient par là de plus en plus incapable d'entrer dans le cycle harmonieux de la vie, — la destruction lente et intérieure atteint un triple but :

1° Elle s'oppose à la dissipation de l'énergie sous quelque forme que ce soit, et elle contraint l'être matériel à conserver en lui le principe qui le meut. Autrement dit elle « moralise » l'être.

2° Elle multiplie les éléments constitutifs de l'être.

3° Elle les dépouille peu à peu de ce qui, en eux, est rigide

Et chose curieuse, de même que les médecins ont tout d'abord eu recours à la médication externe, de même la nature n'a tout d'abord pris forme que grâce à des réactions locales et extérieures.

Et de même aussi, pour prendre un exemple dans le monde de l'esprit, que la science — ce qui suffirait à prouver son infériorité — prétend arriver au centre de l'être, c'est-à-dire à l'esprit, par l'étude exclusive et toute de surface du monde phénoménal, l'idée religieuse, sans s'arrêter autrement au phénomène qu'elle ne considère que comme le support d'un être en voie de se faire, s'applique à atteindre l'être en soi et à entrer *directement* en communication avec lui.

C'est encore le même contraste qu'on retrouve dans l'alimentation des êtres vivants. Et tandis que les premiers et les plus rudimentaires absorbent leurs aliments par leur surface, les êtres placés plus haut dans l'échelle organique ingèrent directement les leurs, qui d'emblée viennent en un point central pour de là se répandre dans tout l'organisme.

Enfin de là vient aussi l'antinomie aujourd'hui menaçante qui se dresse entre la morale religieuse et la morale positive.

Tandis en effet que la première, laissant là des apparences passagères, s'attache surtout à unir entre eux les organismes humains par les liens indissolubles de l'esprit et du cœur, la seconde, en faisant de la méthode expérimentale la base de sa doctrine, est une invitation permanente faite aux organismes à ne communiquer entre eux que par leurs surfaces, c'est-à-dire par leurs sens, et en dehors par conséquent du contrôle de l'esprit qui, matérialisé, spécialisé avant même d'être né, devient impuissant à arriver à l'existence.

et matériel, et, en les assouplissant, les pénètre de plus en plus d'activité et de vie.

Et par conséquent, non seulement l'élément tangible permet désormais, en se détruisant, la *substitution* d'un principe supérieur à un agent inférieur, mais par là il assure sa propre reconstitution.

En résumé donc, l'idée organique — l'idée directrice, dirait Claude Bernard — élabore à tout moment des éléments matériels analogues à ceux qui se sont dissous dans l'être vivant et qui, en lui communiquant, *par leur destruction même*(1), une vie de plus en plus haute, lui confèrent peu à peu une puissance supérieure, capable de restaurer incessamment et sous une forme de plus en plus vivante, c'est-à-dire de plus en plus immatérielle, son organisme matériel.

Et de là il suit qu'il ne saura être question d'un internationalisme purement destructeur, où chaque atome, chaque fraction du tout perdrait irrémédiablement sa personnalité, mais cette même personnalité, qui se fût fatalement anéantie en voulant

---

(1) Claude Bernard insiste sur ce fait que la vie surgit de la destruction des éléments organiques qui constituent l'être vivant.

« Je considère, dit-il, qu'il y a nécessairement dans l'être vivant deux ordres de phénomènes :

» 1° Les phénomènes de *création vitale* ou de *synthèse organisatrice* ;

» 2° Les phénomènes de mort ou de *destruction organique*...

» Ces deux opérations de destruction et de rénovation, inverses l'une de l'autre, sont absolument connexes et inséparables, en ce sens, au moins, que la destruction est la condition nécessaire de la rénovation. Les phénomènes de la destruction fonctionnelle sont eux-mêmes les précurseurs et les instigateurs de la rénovation matérielle du processus formatif qui s'opère silencieusement dans l'intimité des tissus. Les pertes se réparent à mesure qu'elles se produisent et, l'équilibre se rétablissant dès qu'il tend à être rompu, le corps se maintient dans sa composition. Cette usure et cette renaissance des parties constituantes de l'organisme font que l'existence n'est autre chose qu'une perpétuelle alternative de *vie* et de *mort*, de composition et de décomposition. Il n'y a pas de vie sans la mort; il n'y a pas de mort sans la vie...

» C'est donc par le rétablissement primitif des actes de destruction vitale que se fait le retour à la vie. La vie créatrice ne se montre qu'en second lieu. C'est là une loi qu'il importe de faire ressortir. » (*Les phénomènes de la vie*, t. I, p. 39, 102, 127 et 128).

s'affirmer elle-même, en se matérialisant outre mesure(1), se verra grandir en *se laissant* affirmer par le principe intérieur qui se trouvera être ainsi l'essence même du tout dont elle fait partie.

Bien loin donc de retomber dans le néant, bien loin que l'entropie générale de l'univers s'accroisse — pourvu toutefois que, comme nous venons de le dire et comme nous l'avons déjà dit à la page 20, la destruction atomique soit *ordonnée*, qu'elle ait lieu par conséquent dans un être vivant, seul susceptible de l'ordonner d'une manière durable, et que l'idée organique ne perde pas l'équilibre en se laissant entraîner à la remorque d'un organe trop exalté et trop brutal dont, en devenant le satellite, elle cesserait d'être le régulateur, — les différentes parties de l'être vivant, sans cesse détruites mais toujours rétablies, ne feront que se fortifier tout en s'affinant. Plus, dans ces conditions, elles se *détruiront* et plus l'agent vital qui se *substituera* à elles deviendra apte à refaire sous une forme plus vivante l'œuvre détruite.

En d'autres termes, la matière organisée, qui eût fini par se désagréger complètement puis par s'anéantir si, pour accroître sa personnalité, elle s'était *raidie* contre l'idée organique, si elle s'était refusée à rien perdre d'un *moi* essentiellement rigide, se conservera vivante, dans la mesure même où elle se sacrifiera au profit de la vie, qui ainsi deviendra elle-même le précurseur de l'esprit. Comme le polygone régulier inscrit dans un cercle et dont les côtés *cessent d'exister* au moment où ils aboutissent à cette forme finale qu'est le cercle(2), mais du même coup aussi *acquièrent tous* une sorte d'universalité, puisque chacun d'eux,

---

(1) Il faut bien voir que toute énergie qui se matérialise outre mesure est par là même acquise au néant.

Il est du reste évident que dire d'un élément matériel qu'il est trop rigide, trop cassant, ou que l'énergie extérieure qui le sollicite est brutale, c'est dire la même chose, puisque tout élément rigide tend naturellement à se détruire tout d'un coup et brutalement.

(2) Tout le monde sait bien, sauf peut-être certains savants, que les côtés d'un polygone régulier n'engendrent un cercle, c'est-à-dire ne voient leur nombre devenir infini, qu'à la condition de *perdre* cette caractéristique là même qui les définissait. Il est donc absurde de vouloir

désormais sans limite, devient en quelque sorte la ligne courbe totale qu'est la circonférence; comme aussi l'acrobate qui, en s'affaissant sur lui-même, en pliant sur les jarrets et en consentant à *perdre* de sa taille, *acquiert* cette force qui lui permettra de franchir l'obstacle, l'organisme vivant se fortifiera dans la mesure même où chacune de ses parties se *dissoudra* pour faire place à l'idée ou, si l'on préfère, pour se laisser pénétrer par le principe universel de vie qui tout d'abord l'a, de l'extérieur, mise en branle et liée avec les autres parties du tout auquel elle appartient.

Et de là ce renouvellement incessant de l'élément matériel, de là cette reconstitution de l'élément isolé, qui, en produisant la diversité, s'oppose à l'unité, de là enfin ce mouvement de diffusion qui s'oppose au mouvement de concentration, et qui existe aussi bien dans le domaine scientifique que chez l'être vivant (1).

faire du procédé infinitésimal une simple accumulation d'éléments finis, passant progressivement d'un nombre fini à un « nombre infini », puisque l'infini ne peut que représenter *l'anéantissement* de toute grandeur finie, la *suppression* de toute quantité mobile et l'*évanouissement* de toute dimension. Et de là il suit que si l'infini paraît succéder au fini, *émaner* du fini, être une transformation du fini, en réalité il n'y a nullement *filiation, évolution, transformation* du fini en l'infini, mais *substitution* de l'infini au fini.

(1) Ce mouvement, en ce qui a trait à l'évolution scientifique, a d'ailleurs été fort bien mis en lumière par M. H. Poincaré dans son discours d'inauguration du Congrès de physique de 1900.

« Dans l'histoire du développement de la physique, dit-il, on distingue deux tendances inverses. D'une part, on découvre à chaque instant des liens nouveaux entre des objets qui semblaient devoir rester à jamais séparés; les faits épars cessent d'être étrangers les uns aux autres; ils tendent à s'ordonner en une imposante synthèse. La science marche vers l'*unité* et la *simplicité*.

» D'autre part, l'observation nous révèle tous les jours des phénomènes nouveaux; il faut qu'ils attendent longtemps leur place, et quelquefois pour leur en faire une, on doit démolir un coin de l'édifice. Dans les phénomènes connus eux-mêmes où nos sens grossiers nous montraient l'uniformité, nous apercevons des détails de jour en jour plus variés; ce que nous croyions simple redevient complexe, et la science paraît marcher vers la *variété* et la *complication*. (Il est bien entendu que M. Poincaré n'a en vue ici que « la matière proprement dite ». « Dans l'éther libre, dit-il ailleurs, les lois conservent *leur majestueuse simplicité*. »).

En un mot, tandis qu'il existera chez l'être vivant une tendance générale vers une fusion de plus en plus parfaite, et que ce sera cette tendance, destructive de son être matériel, qui sera la condition de sa vitalité, l'organisme opposera à tout moment à cette désagrégation une tendance inverse. Aussi l'être vivant mi-matière mi-esprit ne pourra-t-il jamais — sauf à l'infini c'est-à-dire encore jamais — s'affranchir entièrement de toute matérialité.

Et la raison, qui du même coup va nous remettre sous les yeux la différence fondamentale établie entre le règne inorganique et le règne organique, en est que la réaction *trop brutale* de la matière sur l'idée, elle-même encore en voie de formation et impuissante à diriger sans heurts l'organisme vivant, aussi bien du reste que la masse inorganique, qu'elle meut, la séparation *trop radicale*, surtout à l'origine, du support matériel et de son principe d'action, — qui se dégagera alors en partie sous forme de chaleur, d'éther ou d'ondes psychiques(1), — laissera toujours un résidu matériel d'autant plus subtil il est vrai que la vie l'aura pénétré davantage, mais néanmoins toujours réel. Autrement dit la matière, — ou, pour jeter en passant un coup d'œil dans le monde moral, la société, — pétrie par une énergie

» De ces deux tendances inverses, qui semblent triompher tour à tour, laquelle l'emportera ? Si c'est la première, la science est possible; mais rien ne le prouve a *priori*, et l'on peut craindre qu'après avoir fait de vains efforts pour plier la nature malgré elle à notre idéal d'unité, débordés par le flot toujours montant de nos nouvelles richesses, nous ne devions renoncer à les classer, abandonner notre idéal et réduire la science à l'enregistrement de nombreuses recettes. »

» A cette question nous ne pouvons répondre. »

Notons cependant que M. Poincaré a eu le grand tort de se laisser trop facilement distraire par de simples faits, et de mettre a *priori* en doute la puissance de la Loi. Qu'importe en effet « le flot montant de nos nouvelles richesses », qu'importent « les phénomènes nouveaux » si j'en connais la loi et si d'avance j'ai dans la main le lien qui les unira ?

(1) De là ces manifestations extérieures, ces extériorisations d'une pensée qui, d'ailleurs, en se répandant au dehors, cessent plus ou moins d'être pensée pour se résoudre en des ondes vibratoires; manifestations qui aujourd'hui connues sous le nom d'occultisme ou de spiritisme, étaient autrefois désignées sous le nom plus général de magie.

plus ou moins désordonnée, plus ou moins insoucieuse ou igno-
rante des lois qui régissent soit les choses, soit l'être vivant, —
ou de celles qui gouvernent le monde social, — tendra constamment, *sous les heurts plus ou moins violents qu'elle subira*,
à prendre ou à reprendre sa forme rigide, — ou autoritaire, —
et par là, en s'isolant, à échapper à l'action plastique, créatrice,
— ou libérale, — de cette énergie-là même qui tendait à l'animer
ou déjà l'animait (1).

Et alors de deux choses l'une. Si la matière violemment
heurtée se condense, si, ses tendances séparatistes l'emportant,
elle parvient à s'isoler définitivement, c'est la mort, ou, si la
vie n'a pas encore pris pied dans l'univers, l'apparition d'éléments purement inorganiques. Si au contraire l'idée organique
naissante, se faisant moins brutale, plus persuasive, et par là
se rapprochant de l'esprit, pénètre lentement, — amoureusement
pourrait-on dire, — son assise matérielle, l'être, tout en demeurant lui-même plus ou moins matériel, se laisse vivifier par elle
et voit s'accroître sa vitalité. Et dans ce cas il y a union progressive de deux agents contradictoires, et ascension continue
vers une vie de plus en plus haute.

Par contre l'être vivant n'apparaît pas tant que l'énergie qui
agit sur la puissance capable de matière, ou sur la matière
en voie de formation, demeure brutale et désordonnée. Car
alors, au lieu de détruire l'atome, ou du moins, en le pénétrant
lentement, en se faisant caressante, de lui ôter une rigidité
incompatible avec la vie, le mouvement qui le sollicite ne fait
qu'accroître sa résistance à la vie et son impénétrabilité à l'idée
organique : telle une contrainte brutale qui ne fait qu'ancrer
dans ses idées personnelles l'individu qu'elle prétend transformer.

(1) C'est là également la raison pour laquelle une doctrine d'Etat
ne se décrète pas arbitrairement, mais s'élabore lentement et se forme
peu à peu sous l'inspiration des circonstances et des besoins vrais
d'une collectivité. Veut-on passer outre, on détermine nécessairement
cette réaction brutale qui s'appelle le Césarisme. On recule au lieu
d'avancer.

Simple force aveugle, capable seulement des pires catastrophes avant son définitif anéantissement, le mouvement ne peut plus dans ce cas que produire des éléments de plus en plus rigides, dont seuls ceux qui seront capables de perdre *peu à peu* le caractère *excessif* qu'ils avaient revêtu tout d'abord et de se dissoudre *lentement, conformément à une loi donnée* — faute de quoi, loin d'aller à la vie, ils iraient au néant, — pourront redevenir l'habitat de l'esprit.

Et ce point acquis, la conclusion s'impose : Si l'énergie brutalise l'atome pour l'amener à ses fins, l'atome — à moins pourtant que l'énergie n'ait déjà acquis une puissance suffisante pour le détruire d'un seul coup, — loin de se laisser pénétrer, loin de se laisser « convaincre par elle », se contractera davantage, résistera plus fortement à l'action de l'idée, et par là même s'isolera davantage de cette même énergie qui seule peut — de l'extérieur s'il l'a repoussée, de l'intérieur s'il en a été imbibé — lui communiquer le mouvement, l'être ou la vie. Loin par conséquent d'atteindre son but, l'énergie se séparera de plus en plus de cette chose morte qu'elle voulait animer, et on assistera à l'éclosion d'un être susceptible d'être mû mais non d'être moteur, c'est-à-dire d'un être tel que l'énergie qui l'animera, au lieu de lui être intérieure, lui sera extérieure. On aura en un mot l'univers cosmique et le règne inorganique (1).

Mais c'est là dire que si la séparation est *radicale* entre l'énergie déjà condensée, entre l'atome et cette énergie libre — image de l'esprit — qu'est l'énergie éthérée, on aboutira seulement à la formation d'un être qui ne pourra que recevoir de l'extérieur un mouvement dont il refusera de s'emparer, et qui, pour avoir été excessif dans ses premières manifestations, demeurera un être sans vie : sorte d'être vivant retourné dont les diverses par-

---

(1) Notons en passant que cette énergie qui échappe à l'idée organique n'en tend pas moins *indirectement* vers l'idée organique, puisqu'elle contribue à former ce monde-là même qui sera son assise. (Voyez le chapitre premier).

ties resteront essentiellement distinctes de l'énergie chargée de les unir, c'est-à-dire non vivantes (1).

Mais, par contre, si cette séparation — qui nécessairement tendra à se produire, surtout à l'origine des choses, et même plus

(1) Rien, dans la nature, ne réalise ces conditions d'une manière plus frappante que l'univers cosmique. L'univers cosmique est donc par excellence le type de l'être vivant retourné.

Et en effet, ce qui caractérise l'être vivant, c'est l'union intime du principe matériel et de l'agent actif qui le meut, union qui a pour conséquence la subordination des parties au tout. Or l'univers cosmique est, par sa constitution même, un état de révolte des parties contre le principe éthéré, lien du tout, qui les unit, ou qui du moins tend à les unir. Il est un état de révolte de parties tenaces, égoïstes et rigides qui s'accrochent avec violence à leur *moi* matériel, se contractent violemment pour éviter de donner quelque chose de leur être, et r· eulent concéder que le moins possible à un principe d'unité non sei ent impuissant à les ranger sous sa domination effective, mais col.. ant lui-même à se prêter à leurs tendances dispersives et aux caprices centrifuges de leur *moi* local.

Et voilà pourquoi le monde cosmique n'est pas un être vivant, est même le contraire d'un être vivant ; et, pour qu'il le devînt, il faudrait que la proportion fût renversée : la plus grande puissance, la domination, le pouvoir passant, des parties disséminées et sans lien, au tout éthéré qui est ce lien (Voyez la note 1 de la page 13).

Mais nous voilà ainsi ramené à cette loi générale qui demeure le fond du débat. Si le monde cosmique est un état de révolte des parties contre le tout, c'est-à-dire des organes tangibles, planètes ou soleils contre l'éther, lien lui-même invisible des mondes et creuset où viennent peu à peu, quoique à contre-cœur, se *fondre* toutes ses parties, et si, grâce à cet état de révolte, cause de la division dans le monde cosmique, l'univers occupe un espace démesurément agrandi, c'est donc que l'éther, le principe de l'union, symbole, lui, de l'amour dans le domaine des choses mortes, est *distendu*, qu'il est tenu en échec par les parties tangibles qui circulent dans son sein, et que, pas plus que tout ce qui constitue l'univers visible (voyez par exemple la page 4, premier paragraphe et la page 10, deuxième paragraphe), l'éther *ne possède en soi* cette propriété qui justement le caractérise : celle d'occuper tout l'espace.

Et ainsi, tandis que l'atome pondérable doit l'être que nous lui connaissons à l'éther, l'éther impondérable devra le sien à l'univers pondérable. Autrement dit, les deux termes généraux de l'univers auront, eux aussi, pour vêtement ce qui leur demeure étranger, et, double mensonge, chacun d'eux devra à l'autre l'être différent et contradictoire qu'il manifestera. Et donc encore, si toutes les parties qui forment l'univers tangible pouvaient se dissoudre entièrement dans un même tout homogène, ce tout serait un simple point mathématique et l'univers, vu dans sa totalité, serait le néant. (Voyez la page 8 et la note 2 de la page 26, cinquième et sixième paragraphes.)

tard dans l'être vivant — a été plus ou moins incomplète, si, à chaque instant, l'atome qui tend à se condenser *outre mesure* a été saisi et désagrégé à temps par une énergie qui, moins brutale, moins centrifuge, a pu prendre un mouvement tourbillonnaire et est devenue par là intérieure à l'être qu'elle avait mission d'animer, c'est-à-dire par une énergie telle que l'être inerte qu'elle allait vivifier ait pu la conserver prisonnière dans son sein, on aboutira à l'élaboration d'un organisme vivant : organisme vivant qui sera d'autant plus près de l'esprit qu'il sera plus apte lui-même à conserver et à accroître en lui, — sans s'ouvrir outre mesure c'est-à-dire sans transformer en un mouvement centrifuge et tangentiel son mouvement tourbillonnaire, — l'énergie qui l'anime. Et dans ce cas, les éléments qui, dans l'être vivant, auront, malgré tout, plus ou moins mais non entièrement, *échappé* à l'action d'une vie encore brutale et malhabile à faire pénétrer l'esprit dans tous les carrefours de l'être, constitueront l'être matériel proprement dit, c'est-à-dire l'être perceptible aux sens et tout à la fois corps et support de la vie. A l'heure même où une brutalité, une défaillance de l'énergie vitale — défaillance impossible à éviter sauf pour l'Esprit pur en pleine possession de soi — viendra compromettre l'harmonie du système, ils engendreront donc la base solide sur laquelle pourra, à toute heure et après un sommeil plus ou moins long, reprendre pied une organisation chancelante.

Et justement ce sera là le défi jeté au néant par l'Idée créatrice.

Cette base solide, ces éléments s'affineront du reste eux-mêmes constamment à mesure que, saisis plus adroitement par le cycle vital et plus doucement désagrégés par lui, ils feront plus ample place à l'idée organique qui, en les pénétrant davantage, leur conférera une forme de plus en plus parfaite.

Quant aux éléments matériels qui, soit qu'ils n'aient jamais fait partie d'un organisme vivant, soit qu'après en avoir fait partie ils se soient dérobés à son action, aient été éliminés par lui et *définitivement* expulsés au dehors, ils auront nécessairement acquis, en se contractant, en se condensant au maximum, une nature essentiellement rigide et cassante, qui finira par être brisée tôt ou tard par l'énergie cosmique parvenue elle-même de son côté au summum de la brutalité.

Les deux formes contradictoires de l'énergie : éther et atome, pour avoir, chacune de son côté, affirmé outre mesure son *moi* indépendamment de l'autre, et cela au delà d'une limite indispensable à une première distinction nécessaire, pour être enfin devenues deux espèces trop distinctes, ne pourront plus, comme d'ailleurs deux espèces quelconques du monde organique, ni s'unir sans heurts ni se féconder, et l'atome, désagrégé d'un seul coup par une puissance brutale, ne pourra plus lui-même que tomber dans l'éther et se rapprocher de plus en plus du néant.

Et il suit de là que la matière qui aura atteint une rigidité maxima, la matière en soi, c'est-à-dire la matière qui sera plus ou moins entièrement séparée de toute énergie de mouvement, ne tendra nullement, comme les atomes plus malléables imprégnés de vie, comme les cellules vivantes, vers le progrès; elle courra au contraire tout droit vers le néant (1).

(1) On voit par là que deux êtres qui tendent à se séparer infiniment se retrouvent infiniment, puisqu'ils finissent nécessairement alors par se confondre dans un même tout, qui ici est le rien, mais qui, comme nous le verrons dans le chapitre V, pourrait être l'être en soi : cela à la seule condition que l'union, au lieu d'être brutale et instinctive, soit harmonieuse et se soit imprégnée de l'Esprit.

On ne saurait du reste trop répéter que l'énergie qui se localise et devient atome inorganique tend elle-même vers le néant aussi bien que celle qui s'échappe directement sous forme de chaleur ou d'éther, puisque si elle n'est pas saisie par l'idée organique, si elle s'isole et échappe à l'esprit, elle ne tarde pas à devenir le jouet passif d'une énergie brutale et désordonnée qui la désagrégera et la lancera dans l'éther sous forme de mouvement. Soit donc que l'énergie capable des choses se mette *provisoirement* à l'abri du néant en se localisant dans l'atome pondérable — ce qui assurera d'autre part la persistance de l'élément éthéré (voyez la note 1 de la page 65, cinquième alinéa), — soit qu'elle se dissolve en tombant dans l'espace, elle n'échappera que pour un temps à l'anéantissement, si elle n'a pas été accaparée par l'idée organique, qui, seule encore une fois, peut la maintenir dans le domaine de la réalité.

En résumé ce sera donc entre un éther trop subtil, qui ne serait plus que le néant, et une matière trop rigide et cassante, qui ne pourrait plus que disparaître d'un seul coup, que l'être vivant puis l'esprit prendra pied dans le monde.

De plus, ce sera à la condition de commencer par se détruire, de faire un premier pas vers le néant, mais à la condition aussi de n'être arrêté ni trop tôt ni trop tard, ni trop brutalement ni avec trop de douceur, que l'être matériel s'avancera vers l'esprit.

Or une grave conséquence va sortir de là, car si réellement c'est en se dissolvant que la matière va finalement : soit au néant si sa destruction est quelconque et brutale et échappe presque complètement à toute loi régulatrice, soit à la vie et à l'esprit si sa destruction, tout en conservant une certaine brutalité, nécessaire au renouvellement incessant des éléments matériels, tend à s'ordonner, il est donc acquis que ce n'est pas la matière en soi qui, en s'affirmant ce qu'elle est déjà, tend vers l'organisation et plus tard vers l'esprit. Et partant, il est acquis que ni la vie ni l'esprit ne sont le simple *résultat* d'une activité purement matérielle. Il est acquis enfin que cet agent, qui peu à peu assemble les choses assez souples ou assez « compréhensives » pour venir en dernier lieu se fondre dans une synthèse supérieure, et, *malgré elles*, — ce qui prouve bien qu'il est d'une autre nature — les pousse vers la vie, n'est autre que l'esprit, en tant que, *se précédant lui-même* sous forme d'une loi organique encore plus ou moins obéie, mais sans laquelle, à peine né, l'univers fût retombé dans le néant, il s'oppose à la tendance foncière de la matière en soi, et soutient par là le monde dont il est l'harmonie : harmonie, il faut bien le dire, qui, n'étant pas encore l'esprit, provoquera tout d'abord des heurts violents et tombera dans bien des erreurs, sur lesquelles d'ailleurs elle s'appuiera, mais qui, pour en être encore réduite à prendre, sur une erreur ou sur une faute commise, son point d'appui, n'en sera pas moins — pourvu toutefois qu'elle n'aille pas faire de cette erreur ou de cette faute le dieu qu'il faut adorer et se complaire dans ce premier péché, faute de quoi elle ne tarderait pas à redevenir brutale et instinctive, et s'inclinerait à nouveau vers le néant — une tendance vers l'esprit et un premier pas fait vers lui (1).

Et ceci nous amène à dire — après avoir tout au long, dans les deux chapitres qui précèdent, vu que la matière n'a pas d'existence en soi, et qu'elle n'est qu'un artifice de l'Idée créatrice, qui, en s'infiltrant en quelque sorte dans les vides produits par une incessante destruction matérielle, la coordonne et la soutient — que l'être vivant n'est, lui aussi, qu'un artifice, qu'un stratagème de l'Esprit destiné à lui permettre de se débarrasser peu à peu d'une matière pesante et de s'assimiler lentement l'Idée pure sans tomber dans le néant.

(1) On voit alors l'admirable harmonie des choses : les erreurs mêmes de la nature, ses défaillances et ses excès deviennent le support qui la soutiendra. Mais mieux encore les erreurs ou les fautes, les impasses en un mot, dans lesquelles s'engage à son tour l'esprit humain deviennent, elles aussi, le point d'appui d'un progrès nouveau. Non pas pourtant qu'il soit nécessaire de commettre ces fautes, le propre de l'intelligence étant justement de n'avoir pas besoin de tomber dans l'erreur pour y croire et l'éviter, mais du moins, à défaut d'esprit, il se trouvera que la vue de l'erreur étalée au grand jour, et désormais morte et hideuse parce que dépouillée de l'idée qui seule lui prêtait son charme, deviendra le bâton d'une vérité impuissante à se maintenir dans le pur domaine de l'Esprit et toujours prête à chanceler sur sa base.

Non pas non plus qu'il faille en arriver, comme le veut le positivisme, à considérer le monde phénoménal, première erreur lui-même de l'idée organique, comme le générateur de la vérité, mais il se trouvera que la science, en s'appuyant sur une erreur dans laquelle, toute jeune encore et faute d'esprit et de sagesse, elle s'est complue, pourra, grâce au monde phénoménal, se remettre d'un évanouissement d'un moment et à nouveau s'élancer vers l'Esprit.

Et c'est ainsi que, vierge folle, son péché même contre Dieu — pourvu, encore une fois, qu'elle ne s'y ancre pas — deviendra le tremplin qui la lancera vers Lui.

CHAPITRE IV

LE ROLE DE LA VIE DANS L'UNIVERS

Jusqu'ici nous avons constaté que, chez les êtres les plus divers, inorganiques ou organiques, il existe un antagonisme absolu entre les parties, qui seules constituent la visibilité du tout, et ce tout considéré en dehors de ses parties, c'est-à-dire entre les parties d'un tout et la loi, l'idée organisatrice de ce tout. Nous avons vu de plus que c'est en opposant l'une à l'autre deux énergies différenciées en sens contraire, deux atomes, deux pôles ou deux cellules, par exemple, dont chacun ne vise qu'au néant, que le tout s'organise en dehors de la présence immédiate de toute idée consciente, devient aimant ou corps humain, et confère à ses parties leur être, leur activité et leur situation.

Or tel est aussi le rôle de l'être vivant. Il a essentiellement pour but d'empêcher une énergie non encore pénétrée par l'idée consciente, par l'idée en soi, de s'affaisser dans le néant, quitte à la soumettre tout d'abord à des heurts violents, ou à la faire passer par des formes excessives ou par des dimensions exagérées.

On comprend alors ce qu'est cette organisation supérieure et durable qui s'appelle la vie. De même que la matière est le refuge transitoire où le mouvement est venu se mettre à l'abri du néant, de même aussi que l'objet d'expérience est la pierre angulaire où l'érudit contemporain aime à venir abriter son émotion et faire taire sa terreur de l'Inconnaissable, de même encore que l'erreur ou la faute est ce poids mort qui, en venant tout naturellement se placer sous les pieds d'un être en rupture d'équilibre, lui permet de renaître à la réalité, de même enfin que l'énergie, incapable de durer par elle-même, a dû se raidir en des formules matérielles — cela d'ailleurs comme le sot qui, pour dissimuler le vide de son être, doit se résoudre en des tirades sonores, ou comme le positiviste qui, impuissant à atteindre à l'idée, doit, pour échapper à l'ignorance totale, masquer sa pauvreté intellectuelle sous un symbolisme terre à terre et grossier — de même la vie a dû, pour atteindre à l'esprit, prendre la matière comme point d'appui et s'incarner en elle.

La vie, c'est donc déjà l'esprit mais c'est l'esprit en tant que, se devançant lui-même, il prend *de loin* ses dispositions pour soustraire au néant l'assise inconsciente et inintelligente qu'il s'est choisie; c'est l'esprit en tant que, se tenant encore à l'écart, il laisse se heurter plus ou moins brutalement les uns contre les autres deux formes matérielles, deux tendances ou deux appétits contraires dont chacun ne songe qu'à dévaler jusqu'au bas de la pente au haut de laquelle il était placé ; c'est l'esprit en tant qu'il dresse en face d'égoïsmes inconscients et bientôt destructeurs de l'être, d'autres égoïsmes qui, en contenant, en refoulant les premiers, atténuent peu à peu des heurts encore violents, et, après avoir laissé de part et d'autre des êtres trop différenciés et déjà nettement définis, contraignent, sans le savoir, l'être qui éclora au milieu d'eux, à garder une vie plus centrale et mieux ordonnée ; c'est l'esprit en tant qu'il établit dans les choses une dualité nécessaire, matérielle tout d'abord, spirituelle ensuite, qui sera la loi fondamentale aussi bien de l'esprit que de l'être vivant et du monde matériel : dualité telle que chacune des deux parties de l'être dédoublé, impuissantes l'une comme l'autre à se maintenir dans la réalité, mais orientées en deux sens différents, devra à l'autre son existence : mais dualité telle aussi que, bien loin d'accroître désormais, par des contacts désordonnés ou par des passions violentes, une matérialité ou une animalité déjà excessive, chacune des deux parties de l'être arrachera peu à peu à l'autre sa grossièreté native et, tout en la soustrayant au néant, la conduira peu à peu à la dualité de l'esprit; c'est l'esprit qui, laissant tout d'abord une activité primesautière désordonnée jeter dans le plan de son équateur les êtres satellitaires dont il fera sa carapace et qui mettront un frein à son énergie centrifuge, transforme peu à peu cette énergie centrifuge en un mouvement tourbillonnaire d'où sortira un cycle vital; c'est l'esprit qui, après avoir contraint ce cycle vital, — grâce aux obstacles qu'il accumule vers la périphérie, — à se fermer de plus en plus, finit par en faire une spirale rentrante qui nécessairement alors attirera vers le centre les éléments solides primitivement rejetés à la surface de l'être : c'est, en un mot, l'esprit qui, après avoir fait passer peu à peu de l'extérieur à l'intérieur le squelette osseux (1) — support matériel de l'organisme vivant — en même temps qu'il infusait dans l'être la loi qui régit l'esprit — support moral de l'être — se réserve, pour s'y incarner, un dernier être dont l'organisme central, à la fois tout nu et parfaitement moral, devient le berceau de l'Idée créatrice (2). C'est

(1) On comprend bien qu'au fur et à mesure que, la vie s'affinant et les réactions chimiques se faisant moins brutales, l'être vivant se laisse davantage pénétrer par l'idée organique, la force centripète, caractéristique d'une vie plus parfaite, l'emporte sur la force centrifuge, caractéristique de la première heure de l'être vivant. Et alors, de même que, dans les premiers conglomérats vivants, les cellules de la périphérie se sont entourées d'une gaine solide et sont devenues cellules végétales, puis que, la vie se fortifiant sous cette première enveloppe, les cellules centrales ont vu peu à peu leur force centripète s'accroître, ont résorbé leur noyau extérieur qui leur est devenu intérieur, et se sont transformées en cellules animales; de même aux premiers organismes vivants tous entourés d'une carapace solide ont succédé des organismes vivants à squelette intérieur et de plus en plus nus. (Voyez la note 1 de la page 56).

(2) Il est inutile de dire que si cet être se départit de ce principe moral, la pensée lui viendra tout naturellement qu'il doit se vêtir à nouveau — d'où la pudeur, — et que, faute d'avoir su conserver en lui ce support intérieur moral qui rendait inutile tout revêtement extérieur et lui assurait la liberté complète de ses mouvements et de son être, il doit désormais, pour se mettre à l'abri de tendances centrifuges qu'il est devenu incapable de contenir, subir une contrainte extérieure plus ou moins gênante, dont du reste trop souvent le maître du jour, soutien nécessaire d'un organisme en rupture d'équilibre, se prévaudra pour satisfaire ses instincts tyranniques. Et ce sera là justement le premier et nécessaire châtiment de l'homme tombé. Il ne pourra d'ailleurs qu'exiger de ce maître, désormais indispensable, qu'il l'aide à restaurer en lui son squelette moral pour pouvoir à nouveau jouir de toute sa liberté. Moraliser l'être pour le libérer, tel sera donc en définitive la seule raison d'être de tout principe moral comme de tout éducateur.

enfin l'esprit qui, permettant tout d'abord à chaque chose de courir presque sans entrave jusqu'à son horizon où elle se stérilise, se matérialise, s'appointit et devient griffe, contraint ensuite, quitte à lui faire sentir cette griffe, une énergie plus centrale et plus plastique à rétrograder, et par là à remonter *malgré elle* vers sa source jusqu'à ce qu'elle soit apte à recevoir l'idée; idée qui seule, pourra substituer à une première loi *extérieure* d'airain une loi *intérieure* d'amour, dont l'action, lente et ordonnée, arrondira les angles de l'être, et, après l'avoir dépouillé d'une carapace rugueuse, lui permettra de tourner librement sur lui-même, c'est-à-dire de vivre pleinement sans se blesser ni sans blesser les êtres vivants avec lesquels il devra vivre en société.

Et, pour nous résumer, c'est l'esprit en tant qu'il prépare *de l'extérieur* sa demeure, et que, rejetant des éléments trop différenciés — *que guette le néant* — il fait son habitat d'éléments plus plastiques, d'éléments engagés moins avant dans des différenciations excessives, moins compromis, et qui, toujours sur le point d'être détruits, se reconstituent sans cesse sous une forme plus subtile; c'est l'esprit enfin dont la marche encore chancelante doit s'appuyer tout d'abord sur une assise matérielle, qui, en se dédoublant et en opposant l'une à l'autre, dans une marche cadencée, les deux composantes de cette dualité, permet à l'organisme vivant de se mettre en mouvement pour aller vers l'Esprit (1).

(1) Comment se fera ce passage? Comment s'effectuera cette marche vers l'esprit? C'est là une autre question dont la solution, pour être aujourd'hui universellement ignorée, n'en est pas moins d'une profonde simplicité.

Sera-ce, comme nous le dit M. Renan, en se contentant de jeter au dehors des contradictions inconciliées qu'on arrivera à substituer peu à peu l'esprit au monde de la matière? Evidemment non, puisque, si, dans la marche de l'être organique, avancer l'une ou l'autre jambe, c'est-à-dire jeter en avant de l'être en soi deux différenciations contraires de son *moi*, n'est que le premier moment de la marche et comme l'expansion nécessaire à une nouvelle manifestation de l'être, constater l'existence de deux phénomènes contradictoires n'est que la première heure de l'esprit. Et de même que l'être organique ne marchera qu'à la condition que l'une de ses deux jambes revienne en arrière, soit, en quelque sorte, constamment résorbée dans ce tout qui s'appelle la marche — marche qui, du reste, ne s'effectuera pas si l'être

Mais si la vie c'est l'esprit qui, de loin, prend ses dispositions pour soustraire au néant une assise nécessaire à ses premiers pas dans un monde nouveau que, sans avoir à s'abaisser jusqu'au contact de choses qu'il n'a pas à connaître, il veut habiter, non seulement l'esprit n'est pas une conséquence ultime de l'activité des choses, il est au contraire leur cause. Il est ce tout, ce principe organisateur qui maintient malgré elle dans la réalité une assise purement matérielle. Et s'il est ce tout, s'il est ce principe organisateur, ce n'est pas parce qu'il est déjà *inclus* dans les choses, c'est parce que, après avoir, à l'origine des choses, arraché au mouvement capable de matière — ou plutôt à ce qui

organique ne consent à *perdre de vue* cette différenciation-là même sur laquelle il s'appuie pour faire un nouveau pas ; — de même, la marche de l'esprit n'aura lieu qu'autant que les deux différenciations sur lesquelles il s'appuie, se *dépouilleront* successivement de leur caractéristique propre, et se laisseront résorber, pour entrer dans ce tout qui s'appelle l'idée. Or c'est justement dans ce travail douloureux que gît toute la supériorité de l'organisme humain : Recevoir en même temps deux faits ou deux notions contradictoires et les concilier. Peu d'hommes d'ailleurs en sont capables et s'ils voient, parfois fort bien, un côté de la médaille, ils prendraient volontiers la vérité pour un satellite éteint qui ne peut que tourner toujours la même face vers son foyer.

Mais prenons un exemple qui va mieux nous faire voir que si, pour le positiviste contemporain, additionner, prolonger et entasser les choses demeure la première des règles de la mathématique intellectuelle, en réalité la soustraction est la seule base de toute opération logique de l'esprit.

Supposons deux chevaux, le premier grand et noir, le second petit et blanc. Mise en présence de cette contradiction, la puissance *plastique* capable (en cédant sa place) de pensée devra donc, pour essayer d'atteindre au cheval en soi, *éliminer* tout ce qui, dans chacun des deux objets qu'elle a sous les yeux, se contredit, c'est-à-dire tout ce qui différencie tel cheval de tel autre. Et comme, dans la réalité, aucune partie d'un cheval n'est identique à la partie correspondante d'un autre cheval, elle devra peu à peu éliminer cela même qui constitue la réalité *tangible* et *matérielle* de chacun des deux chevaux.

Au moment par conséquent où la double *vision* cheval, *privée* de son objet, *disparaîtra*, l'idée pure cheval apparaîtra, et elle sera faite de la *fusion* de deux termes matériels essentiellement contradictoires.

Qu'on applique la même loi aux diverses parties de l'univers, et on aura alors l'idée pure univers : idée pure parfaitement une quoique contenant en son sein toutes les réalités contradictoires, toutes les parties qui constituent l'univers sensible et accessible aux sens.

allait être le mouvement capable de matière — toute pensée, il lui
a imprimé une direction telle que ce mouvement allait fatalement
aboutir à l'esprit; c'est enfin parce que, en le lançant dans des
impasses où nécessairement il se transformera en matière, il
rendait possible, derrière cet abri, l'élaboration d'un être dont
les réactions organiques moins brutales allaient permettre à
l'être matériel de recevoir l'esprit, et même — chose prodi-
gieuse — d'acquérir des droits sur lui en devenant l'agent
volontaire d'une destruction harmonieuse de son *moi* organique.

Peu importe d'ailleurs que la matière ne soit que le produit
d'un mouvement qui, *privé* par l'acte créateur (1) de toute pensée
consciente, c'est-à-dire de cela seul qui constitue l'être, ne s'est
mis en mouvement que pour courir follement vers le néant. Peu

Il est bien entendu d'ailleurs que, livrée à elle-même, cette idée pure,
cette chose en soi considérée en dehors de la vie ne serait que le néant
(voyez la page 9, note 2), tandis qu'elle sera l'esprit, si elle est
captée par un organisme vivant susceptible de la recevoir, c'est-à-dire
capable, en sachant « comprendre » les choses, de recevoir l'esprit.

Et voilà justement pourquoi, avant d'atteindre à l'idée pure, c'est-à-
dire à l'esprit, il aura fallu passer par l'être vivant.

Quant aux deux différenciations, quant aux deux assises matérielles
qui, après avoir servi à l'élaboration de l'esprit, auront été définitivement rejetées à droite et à gauche de l'idée en soi, et auront continué
à se matérialiser de plus en plus, elles finiront par être brusquement
désagrégées, et elles iront finalement se perdre dans l'éther, auquel
— comme nous le verrons dans le chapitre suivant — l'être central mi-
matière mi-esprit qu'elles auront engendré, conservera seul sa réalité.

(1) Il faut bien voir que l'acte créateur n'est nullement, comme on
le croit généralement, la manifestation extérieure d'une puissance intérieure qui s'accroît, mais bien l'œuvre d'une puissance qui défaille et
s'affaiblit. Et seul l'orgueil humain, naturellement enclin à croire que la
Puissance créatrice a dû, pour le créer, concentrer vers lui toutes ses
énergies, doit être rendu responsable de cette croyance inconsciente et
a priori, qui consiste à admettre que le Créateur a dû, pour créer l'univers, déployer toute son activité.

Il est trop clair, en effet, que l'Etre parfait, l'Acte pur ne peut que
demeurer en soi tant qu'il ne limite pas son activité. Il ne peut donc
s'affirmer au dehors que par suite d'un affaissement, sorte de défaillance
volontaire qui serait incompréhensible et même attentatoire à l'intégrité de l'Etre, par conséquent blâmable, si, au même moment, l'Etre
ne se retrouvait Lui-même dans le but à atteindre; mais défaillance
qui devient la marque d'une bonté sans limite — car alors elle est la
Toute-Puissance s'immolant *gratuitement* pour le salut du monde qu'elle
va créer — si elle a pour but de donner le jour à un être nouveau.

importe que ce mouvement tout d'abord essentiellement brutal et chaotique n'ait produit la matière qu'en s'enchevêtrant dans sa course vers l'abîme (1). Ou plutôt c'est là la meilleure preuve que la matière est bien un artifice, un stratagème de l'Idée créatrice qui, pour mettre en branle une activité encore indifférente aux œuvres de l'esprit, a voulu, dans une suprême ironie, conduire, par la matière à l'esprit, un monde encore sans pensée dont toutes les aspirations, dirigées vers le nirvâna, ne semblaient devoir être que la préface d'un Bouddhisme universel.

Et c'est alors qu'une dernière question se pose. Pourquoi cette brutalité originelle de l'énergie a-t-elle dû précéder l'esprit?

De même donc que, dans [le mo]nde visible, c'est par la destruction des parties qui constituent [le tout] qu'on arrive au tout — tout qui sera le néant si la destruction s'opère en dehors de toute idée directrice, tandis qu'il sera l'organisation, la vie ou l'esprit si cette destruction est ordonnée et conforme à la Loi organisatrice, vitale ou spirituelle, — de même ç'a été par le *retrait* de la Cause créatrice que l'univers est devenu possible.

Et, du même coup, on voit que c'est un véritable non-sens de prétendre qu'une cause *engendre* un effet, puisqu'il y aura incompatibilité absolue, antinomie radicale entre la cause et son effet, entre l'univers visible et le tout — loi d'harmonie — qui en coordonne les diverses parties. Et ce qui reste vrai, c'est que, ce que nous appelons cause *disparaissant*, un effet se produit.

C'est dire que, pour rétablir dans son propre domaine la cause qui a, non pas créé mais permis, *en se retirant, en se sacrifiant*, l'effet, il suffira de détruire l'effet. Telle par exemple la pompe aspirante qui ne détermine l'ascension de l'eau que parce qu'elle élimine la pression atmosphérique, seule cause de l'effet produit. Il sera toutefois nécessaire que cette destruction se fasse méthodiquement, car si elle est quelconque et brutale, si elle échappe aux lois de l'esprit, ce ne sera pas l'esprit ou le progrès qui viendra se substituer aux choses disparues, ce sera le néant ou l'anarchie.

Et voilà comment il devient évident que la Cause suprême n'est nullement le créateur d'un monde qu'elle s'est contentée de rendre possible. Voilà comment le monde n'est pas un effet de la Puissance créatrice, qui d'ailleurs étant essentiellement Cause, et ne possédant pas l'idée d'effet, ne pouvait, pour garder intacte la perfection de son pouvoir créateur, que laisser des causes se déployer elles-mêmes. Voilà comment enfin ce sera l'être central qui saura, en immolant son être matériel, s'emparer de l'énergie des choses pour les immortaliser en lui, qui sera tout à la fois le terme et la cause de la création.

(1) Voyez la page 4, premier alinéa, la page 5 et la note 2 de la page 26, quatrième alinéa.

pourquoi l'état chaotique a-t-il dû précéder l'idée organique? et pourquoi enfin l'idée organique a-t-elle dû précéder la pensée?

La réponse est facile : visiblement c'est là une nécessité inhérente à la nature des choses et à la constitution même de la matière.

Aussi bien d'ailleurs la solution était à prévoir; car, d'une part, sollicitée dès l'origine par le néant qui, à cette première heure du monde, la guette et l'attirerait définitivement à lui si, pour lui échapper et avant d'être suffisamment pénétrée par l'idée, organique d'abord, intellectuelle et religieuse ensuite, elle ne se *solidifiait* pas, ne se *raidissait* pas, ne se *fixait* pas enfin sous une forme rigide — qui justement parce que rigide sera difficile à dissoudre plus tard : d'où cette fin de non-recevoir propre aussi bien à l'atome qu'au savant; — d'autre part, pressentie par l'esprit qui, afin de devenir effectif, devra rompre une ténacité première incompatible avec sa propre existence, la matière, la puissance capable des choses plutôt, devra, pour éviter le gouffre ouvert sous ses premiers pas, passer par le pondérable, s'y ancrer, prendre un masque d'emprunt, devenir atome et y demeurer aussi longtemps qu'une loi organique intellectuelle ou religieuse ne viendra pas lui permettre de se dissoudre peu à peu sans retomber dans le néant (1).

(1) On voit alors le danger. L'atome — et non seulement l'atome mais tout ce qui, pour devenir sensible à un esprit naissant, doit, dans une certaine mesure, se cristalliser, par exemple une théorie ou d'une manière plus générale encore, une idée en voie de formation et toujours plus ou moins elle-même matérielle en ce sens qu'elle est intimement liée à la fortune et à la manière d'être de l'élément matériel qui est son support — sera toujours plus ou moins difficile à dissoudre, et opposera *nécessairement* une résistance plus ou moins grande au progrès de l'esprit.

De même en effet que l'image doit, pour se réaliser dans la conscience, se préciser et se *fixer*, de même tout *devenir* — et le *devenir* d'où sont sortis les êtres organiques comme les autres — doit, pour passer à l'acte, pour s'affirmer dans l'être, se préciser et se *fixer*. Mais cette fixation même constitue une pierre d'achoppement pour l'esprit, qui, après s'être appuyé un instant sur elle, doit la quitter ou la briser afin de conserver et d'accroître ce qui justement le définit : la plasticité. Le malheur est qu'il tend toujours à adorer cette énergie figée qui constitue son être matériel, faisant ainsi d'une chose stérile et morte son but et sa fin.

Mais, encore une fois, pour arriver à ce dernier stade et pour pouvoir donner asile à l'esprit, il aura fallu que la puissance capable des choses, violemment heurtée de toutes parts dans un monde en pleine anarchie, dont l'Esprit aura dû lui-même, afin de lui permettre d'être, *se retirer*, et qui, par conséquent, se trouvera livrée d'emblée à des forces purement inconscientes, incapables de tendre directement vers la vie, se soit tout d'abord, et à cette première heure qu'on a appelée le chaos, consolidée en une foule d'éléments résistants.

Et c'est ainsi que la brutalité même de l'énergie originelle qui, en soi, ne peut que s'éloigner de l'idée, aura, *sans le savoir comme sans le vouloir*, enfanté l'assise nécessaire à l'idée naissante. C'est ainsi également que, au cours des siècles, l'esprit prendra lentement pied au milieu et à la faveur d'un monde qui non seulement l'ignorera mais qui, par toutes ses tendances, le niera et le haïra. C'est ainsi enfin que, venu dans un monde qui est le sien, mais qui se refuse à le recevoir, l'esprit devra s'y implanter au milieu des combats, et qu'il lui faudra, sans se soucier du scandale que, dans le domaine des choses mortes, des instincts et des esprits sans ressort, il suscitera, opposer

Et de là cette difficulté à désagréger l'assise première de l'idée qui, pour prendre pied dans l'univers, a dû, à l'origine, se cristalliser, mais qui, éprise bientôt de cette première révélation de son être — la seule à laquelle elle puisse encore atteindre — a vite fait alors, pour satisfaire un irréductible amour-propre, de préférer ce qui, en elle, est déjà tout venu, c'est-à-dire matériel et plus ou moins étranger à l'esprit, à l'esprit qui commence seulement à la pénétrer.

De là aussi cet antagonisme profond — que, sous mille formes diverses, nous avons signalé au cours de cette étude — entre la routine des choses ou de l'esprit naissant, et l'esprit lui-même, c'est-à-dire entre la tendance affirmative, prolongative mais localisatrice et spécialisatrice des choses déjà existantes, et la puissance désagrégative, dissolvante mais synthétique de l'esprit : antagonisme qui, de tout temps, a provoqué ces interminables luttes que l'on sait entre une méthode qui, après tout, n'est autre chose que la haine *ordonnée, inventive, religieuse* du déjà vu et du déjà connu, en un mot de cela même dont l'érudition tend aujourd'hui plus que jamais à faire sa Divinité; et un conservatisme béatement évolutif qui, non seulement s'est toujours refusé à laisser là des objets démodés ou des êtres épuisés, vieilles diligences, marsupiaux ou anthropoïdes, mais a voulu y voir la semence du progrès.

constamment à ce qu'on a appelé « la lutte pour la vie », c'est-à-dire à la lutte pour l'instinct qui, au fond, est la lutte pour la mort — cela, nous l'avons montré tout au long, entre autres à la page 10, et nous le verrons mieux encore à l'Appendice III — la lutte pour l'Être et pour l'Esprit.

CHAPITRE V

VERS LA SYNTHÈSE

Nous espérons avoir amené à un jour suffisamment clair le problème à résoudre.

Il est donc entendu qu'à l'origine des choses, l'énergie de mouvement produit deux tourbillons distincts, et que ces deux tourbillons, atomes, globes ou êtres vivants, ne tardent pas à subir un commencement de désagrégation qui, en produisant un vide, un besoin entre eux, les précipite les uns contre les autres, et détermine un choc brutal qui, du même coup les condensant, fait naître entre eux une violente répulsion. Il est entendu que les deux tourbillons prennent alors du champ pour se précipiter à nouveau l'un contre l'autre, et qu'après s'être ancrés ainsi momentanément dans l'être *sous la sollicitation du néant*, ils continuent à se désagréger pour, si rien de plus ne se produit, aboutir à une destruction complète. Il est entendu enfin, que, dans le monde inorganique, l'équation $A = A$ aboutira nécessairement à cette autre équation $A - A = o$, et que si l'on obtient un pareil résultat, c'est parce que, d'une part l'attraction a été excessive et brutale, d'autre part que la condensation a été trop grande et est devenue cassante.

En d'autres termes le monde matériel a pour cause deux différenciations contraires d'une énergie qui, vue dans son unité, ne serait autre chose que le néant. Soit dans chacune de ses parties, soit dans son ensemble, il est le résultat d'un heurt entre deux facteurs qui, sortis du néant grâce à leur différenciation, tendent à y rentrer brusquement par l'excès même de cette différenciation.

Mais imaginons maintenant deux tourbillons, maintenus par d'autres tourbillons situés de part et d'autre, et tels qu'ils ne

puissent que s'écarter très peu l'un de l'autre; il est évident que
leur choc va être moins violent et leur condensation moins
accentuée. Soumis à de lentes oscillations, ces deux tourbillons
s'ouvriront donc continuellement et lentement jusqu'à ce que,
comme nous l'avons vu à la page 55, leur noyau central, perdant
l'équilibre, déchire son enveloppe et s'échappe au dehors. Et
alors, il se trouvera que les deux premiers tourbillons auront
engendré deux autres tourbillons tout en perdant un peu eux-
mêmes de leur matérialité native.

Non seulement il n'y aura donc plus là la destruction pure
et simple d'un tourbillon qui, se mouvant uniquement de l'intérieur à l'extérieur et sans reploiement possible sur lui, se déroule,
s'évapore, et s'anéantit bientôt en combinant son mouvement à
un mouvement égal et de sens contraire, mais l'inversion, qui
aura fait passer le noyau central de l'intérieur à l'extérieur, et
aura mis un terme à la désagrégation de la première enveloppe
atomique — mais sans qu'une réaction brutale et un choc violent
se soient produits, — permettra tout à la fois une multiplication des éléments constitutifs du tout et un commencement
d'immatérialisation de ce tout. Et comme la matérialité de
chaque atome ira toujours s'atténuant, il est clair qu'*à la limite*,
on aura une infinité d'éléments entièrement immatériels, entièrement pénétrables les uns aux autres, et qui apporteront une
diversité infinie dans une unité parfaitement une.

Or c'est là l'Esprit (1).

Une fois de plus, on voit donc que le néant trompé aura
enfanté l'être. On voit aussi que, si la matière ou l'énergie
tendent vers le néant par cela seul qu'elles se désagrègent, il
n'en demeure pas moins que la route qui conduit la matière au

---

(1) C'est là aussi, pourrait-on dire, l'éther, mais avec cette différence
que les diverses parties, les divers atomes de l'éther étant tenus distendus par une force supérieure à eux (voyez la note 1 de la page 65),
étant, autrement dit, à l'état de lien tenu en échec par les globes solides
qui circulent dans l'espace, sont, tout en ayant les mêmes tendances,
précisément le *contraire* de cette unité parfaite qui s'appel'e l'esprit.
Et par là on voit que l'esprit c'est le triomphe de l'unité, *à la fois une
et complexe*, sur la dispersion, qui, elle, est le triomphe de parties
tangibles et matérielles sur l'unité vivante chargée de les réunir.

néant est la même que celle qui la mène à l'Esprit. On voit enfin que c'est au bord même de son propre néant que la matière atteint, *dans l'être vivant,* le point culminant capable d'Esprit.

Il semble alors possible de tenter une immense synthèse de l'univers cosmique, de la vie et de l'esprit.

Nous allons essayer de la résumer brièvement en une sorte de tableau synoptique :

1° Tout d'abord l'énergie, le mouvement si l'on veut, est indéfinissable, mais en se scindant en deux, il engendre bientôt d'une part le pondérable, de l'autre l'impondérable *(Voyez la page 8 et la note 1 de cette page).* L'organisation commence, non pas au centre, mais sur de gigantesques sphères, c'est-à-dire vers la périphérie *(Voyez la note 1 de la page 56).*

2° L'énergie, en se heurtant avec violence contre les premiers agrégats formés, se fait brutale et chaotique, et, pour échapper au néant, elle s'abrite sous une forme matérielle à l'excès; la différenciation s'accentue alors entre le pondérable et l'impondérable *(Voyez les pages 5, 6 et 7).* A mesure que cette différenciation s'affirme davantage, l'énergie, et plus tard la nébuleuse originelle, se fragmente, engendrant tout d'abord : d'une part des atomes, de l'autre de l'éther; ensuite, d'une part des astres, de l'autre de l'espace éthéré.

3° Mais en même temps, le pondérable subit, du fait des heurts auxquels il est soumis — et cela de plus en plus — une première *fusion,* une première *désagrégation* qui donne lieu à l'affinité et à l'attraction. Le monde cosmique est alors constitué. Toutefois il est tel que sa partie pondérable, c'est-à-dire l'atome ou l'astre — nés tous deux, nous l'avons vu, sur une sphère et soumis à une force centrifuge qui s'accroît lorsqu'ils tendent à se rapprocher de leur centre (1) — l'emporte sur sa partie impondérable, c'est-à-dire sur l'éther qui, lui, représente la puissance attractive et la force centripète. Autrement dit, les parties tangibles et locales du tout invisible et universel qui est leur lien sont en pleine révolte contre ce lien et par conséquent

(1) C'est là justement la loi — essentiellement destructive de la vie — de l'univers cosmique et du monde inorganique.

contre ce tout ; et ce lien-là même qui devrait unir les parties en un même tout parfaitement un et produire l'unité — seule capable de conscience — en concentrant vers un même creuset cérébral, pour y être fondues, toutes les parties de l'être, est vaincu et distendu par elles. C'est, en un mot, le triomphe de la masse et de la matière sur l'idée organique et sur l'esprit. (*Voyez la note 1 de la page 81*).

4° Plus près du centre, et en un point mieux abrité contre la passion centrifuge des choses, où l'être peut encore se mouvoir et tourner sur lui-même dans le même sens que son foyer, le pondérable et l'impondérable se rapprochent lentement puis se pénètrent et engendrent l'être vivant. Le foyer actif qui s'appelle la vie est enfin constitué.

5° Mais la force centrifuge d'une vie encore à ses premiers pas et surtout instinctive, c'est-à-dire encore plus ou moins brutale, ne tarde pas à l'emporter à nouveau. Elle jette alors dans le plan de son équateur des êtres satellitaires, résidus de son activité, qui non seulement mettent un terme à sa désagrégation mais qui lui permettent de se fortifier, sans perdre l'équilibre, derrière cet abri protecteur. Ces êtres satellitaires peuvent d'ailleurs être soit des êtres autonomes, soit de simples écailles de l'être qu'ils protègent.

En d'autres termes, la vie, encore en proie à des convulsions embryonnaires désordonnées, jette tout d'abord à droite et à gauche de son axe, dans le plan de son équateur, des différenciations à la fois protectrices et nutritives, puis, se nourrissant de toutes ces pousses, bientôt mortes et tombées à ses pieds, elle tend, abritée qu'elle est sous ses premières feuilles, sous ses premiers rameaux, sous sa première coque, sous ses premiers organes, sous ses premières sensations, ses premiers mots, ses premières erreurs, ses premières fautes ou ses premières déceptions — toutes choses, encore une fois, qui ne sont tangibles à un esprit en formation que précisément parce qu'elles sont mortes — à devenir un organisme synthétique portant graines et pleinement vivant : Arbre, Fruit, Etre, Homme ou Esprit.

Et ainsi, pris entre deux tendances contraires, l'une centrifuge, l'autre centripète, le monde vivant se développe alternativement dans deux directions diamétralement opposées.

Tantôt, l'être se déploie en toute liberté, *l'Evolution*, le mouvement du dedans au dehors l'emporte, et non seulement son organisme ne se perfectionne pas, mais emporté au loin de son propre foyer vital, l'être finit par s'éteindre ou se morcelle; et, tantôt, *comprimé* par des agents extérieurs, l'être doit se replier sur soi, il doit, *gêné* par les choses ou par les êtres éclos avant lui, demeurer dans l'expectative, et, pour n'avoir pu s'adapter aux circonstances *passagères* du moment, pour avoir été contraint de continuer à se perfectionner dans le silence du dedans, il atteint plus tard, *malgré lui* (1) *et malgré la force centrifuge qui le poussait à déployer à l'extérieur un premier potentiel acquis*, de plus hautes destinées.

Mais à peine né, pressé de jouir de la vie et cédant d'emblée à une force centrifuge devenue curiosité, il rompt son cycle vital, il se lance follement à nouveau — et cela d'autant plus qu'il possède déjà un potentiel plus considérable — dans une direction tangentielle quelconque, et comme tout corps qui se meut en ligne droite, il se rend défavorable, il vicie, *par son activité même*, le milieu dans lequel il est plongé (2). Après un éphémère triomphe, il finit donc par mourir tandis que l'être

(1) Nous avons dit à la page 10 que l'atome n'avait en soi d'autre qualité que sa tendance naturelle vers la dissolution. Nous appliquons ici la même idée à l'être vivant qui, lui aussi, n'aura par conséquent d'autre moteur — et cela aussi longtemps que, étranger à l'esprit, il inclinera vers l'extérieur — que son inconscient désir du néant.

(2) C'est une règle absolue dans la nature — règle que nous étudierons plus à loisir à la note 2 de la page 139, Appendice III, — que toute manifestation vitale *isolée*, et par là même *extérieure* à la synthèse qu'est l'esprit, s'intoxique elle-même par son propre jeu, et que toute activité qui se meut suivant une direction donnée ou conformément à une habitude ou à un instinct prédominant, tend à se détruire par cela seul qu'elle se continue *dans la même direction*. Et ceci est vrai aussi bien du monde inorganique que du monde organique. (Voyez la page 53, troisième et quatrième paragraphes.) L'être voit alors se tarir peu à peu en lui le principe fluide qui l'animait, s'alourdit, meurt, puis, redevenu matière pure, se désagrège brusquement. (Voyez la page 67 et la note 1 de cette page, deuxième paragraphe.)

plus jeune que lui, qui a été *retardé* dans son développement, et qui a été contraint, par les obstacles semés sur sa route à prendre un mouvement tourbillonnaire, apparait sous une forme à la fois plus synthétique et plus vivante (1). Puis, à son tour, il perd l'équilibre.

Et ainsi de suite jusqu'à ce qu'un être vraiment central, incarnation parfaite de l'Idée créatrice, naisse enfin et, après avoir maîtrisé définitivement une force centrifuge destructive de l'être, vienne, en s'arrachant au monde extérieur et en tournant ses regards vers l'intérieur, c'est-à-dire vers l'Esprit, s'emparer de la vie et l'immortaliser.

C'est l'heure où l'être mi-matière, mi-esprit apparait dans toute sa chaste nudité. Il se dégage des ruines des choses qui passent et découvre à l'univers l'idée pleine réalisée en lui. L'être matériel et l'esprit qui l'anime sont alors en parfaite harmonie, et la force centripète de l'idée organique enfin victorieuse des forces désagrégatives de la pure matière, peut désormais maintenir sous un même sceptre toutes les parties centrifuges de l'être (2).

(1) L'être *retardé* dans son développement acquiert donc une vitalité plus grande que celle de l'être qui l'a précédé, et la Nature — Nature aujourd'hui déformée comme à plaisir par des érudits qui, impuissants à la comprendre telle qu'elle est, l'ont imaginée telle qu'ils sont — nous apparait du même coup dans toute sa haute moralité. Vue, non plus à sa surface, mais dans son fond, dans l'Idée profonde qui la dirige vers son terme, elle vient nous dire que, si formidable puisse être à certaines heures la force brutale, il n'en reste pas moins vrai que les premiers seront les derniers, et que bienheureux sont les doux, les humbles et les opprimés, parce que ce sont eux qui posséderont la terre.

(2) Tout porte à croire que la même progression a eu lieu dans le monde organique.

Il semble bien, en effet, que, comme nous l'avons vu à la note 1 de la page 56, l'activité de l'être vivant a d'emblée chassé vers l'extérieur les particules solides qui tendaient à se former dans son sein, et sa partie la plus vivante, c'est-à-dire le liquide sanguin, est demeuré au

centre (fig. A). Les cellules végétales et les organismes animaux les plus inférieurs ont du moins suivi cette loi.

Et, comme d'autre part, l'esprit ne pourra qu'accuser toujours davantage son action centripète, l'ordre premier des choses va s'inverser et *l'Involution* va triompher définitivement de *l'Evolution*. Le flot venu du large va l'emporter sur le courant descendant du fleuve, qui désormais conscient et assez souple pour pouvoir rebondir sans venir au contact des choses extérieures, assez moral aussi pour n'avoir plus besoin d'entraves ou de voile, va commencer à remonter volontairement vers sa source.

A moins pourtant que, au lieu de se tourner vers l'esprit, le dernier-né, l'être le plus central, se laissant bientôt entraîner par cette force centrifuge qui le pousse à chercher d'emblée dans l'univers visible la cause des choses, ne se penche à son tour vers le monde sensible, et n'aille demander à un organe ou à un objet extérieur la fécondité, car du même coup l'équilibre se trouvera rompu, et l'animalité l'emportant à nouveau sur l'esprit, la nature sera mise en demeure de reprendre son œuvre et d'élaborer un centre plus parfait.

7° Enfin les derniers résidus matériels, qui ont complètement échappé à l'action d'une vie centrale et équilibrée, et qui — soit que, dès l'origine, ils se soient cristallisés en ces assises rigides qui ont été le support du monde inorganique, soit que, accaparés par une vie instable, ils se soient, après avoir passé par un maxi-

Mais, la vie se perfectionnant à mesure que la force centripète s'accroissait elle-même, grâce à la lenteur des réactions organiques, une partie des éléments solides sécrétés par l'organisme est venue s'accumuler vers le centre de l'être vivant, et la vie s'est affirmée sur une sorte de sphère moyenne située quelque part entre le centre et la carapace extérieure : sphère moyenne qui est ainsi devenue le lieu du cycle vital proprement dit, c'est-à-dire du sang (fig. B).

En d'autres termes, la spirale vivante, aux tendances tout d'abord essentiellement centrifuges, s'est, grâce aux obstacles extérieurs, transformée en un mouvement tourbillonnaire fermé qui a rejeté à la fois vers l'intérieur et vers l'extérieur ses particules solidifiées. (Voyez la page 72 et la note 1 de cette page.)

Enfin, la vie continuant à se perfectionner, la force centripète a continué, elle aussi, à croître, et, tandis que l'ébauche d'un nouveau squelette se formait à l'intérieur, le squelette extérieur tout d'abord prédominant a perdu de plus en plus de son importance. Il est alors devenu simple tégument pour disparaître tout à fait chez l'organisme le plus parfait.

mum d'activité vitale, matérialisés de plus en plus — ont été définitivement expulsés au dehors, sont brisés dans une dernière et formidable déflagration (1); et seule subsiste une étendue spatiale toute voisine du néant, à laquelle les êtres vivants mi-matière, mi-esprit, qui ont su se tenir à l'écart d'une matérialisation excessive, et dont le rôle devient analogue à celui que jouent aujourd'hui les globes dans l'espace éthéré, conservent sa réalité.

Et, pour nous résumer d'un mot, l'atome, assise du monde cosmique et de l'être vivant, a donc passé par les trois phases qui suivent :

1° La force centrifuge, tout d'abord excessive, a, d'une part désagrégé l'atome *par sa surface*, d'autre part condensé son noyau.

2° Cette force centrifuge diminuant a permis au noyau, avant que sa surface atomique ne se soit entièrement dissoute et évaporée, de traverser son enveloppe et de venir mettre un terme à une tendance native essentiellement destructive. Autrement dit l'atome s'est désagrégé, dématérialisé *par son centre*.

3° Enfin la force centrifuge diminuant encore, un nouveau noyau a pris forme au centre pacifié de l'atome, dont l'activité vitale, située désormais sur une sphère médiane, a peu à peu résorbé sa première carapace extérieure.

Et ainsi, les actions centrifuges ou centripètes qui, au cours des âges, ont agi sur l'atome ou sur l'être vivant, se sont succédé suivant un rythme qui a transporté alternativement vers la périphérie et vers le centre les particules les plus denses de l'atome, de la cellule ou de l'être vivant. Il s'est donc produit une série d'oscillations qui, en même temps qu'elles ont modifié la physionomie de l'être, l'ont élevé de plus en plus dans l'échelle des êtres organisés.

(1) Voyez la page 66, troisième alinéa. — Il faut noter cependant que, comme nous l'avons vu à la note 1 de la page 73, ces êtres subsisteront en ce sens que ce qui en eux était compréhensible aura été appréhendé par un être plus plastique, capable, en accouplant l'un avec l'autre deux êtres complémentaires, de susciter en lui l'idée consciente dont chacune des parties visibles de l'univers n'est qu'une moitié inconsciente et trop rigide, trop spécialisée pour atteindre elle-même à l'esprit.

1° La plus grande densité a été départie au centre de l'atome : on a eu le règne inorganique.

2° La plus grande densité a appartenu à la partie périphérique de l'atome qui est devenue une cellule vivante : on a eu le règne végétal.

3° La plus grande densité a été de nouveau acquise au centre de l'être : on a eu une cellule animale.

4° La plus grande densité est venue à la périphérie d'un premier amas organique : on a eu un premier organisme vivant à squelette extérieur.

5° La plus grande densité a appartenu au centre de l'être organique : on a eu un organisme supérieur à squelette intérieur, et dont le dernier terme a été l'homme.

En un mot, le véritable progrès, soit dans le monde cosmique, soit chez l'être vivant, a constamment eu pour cause la mainmise de plus en plus accentuée d'une force centripète croissante sur une force centrifuge qui, caractéristique de tout début, a marqué seulement la première heure à l'horloge du temps.

CHAPITRE VI

CONCLUSION ET CRITIQUE

Qu'on nous permette, pour clore cet Essai, une critique qui,
sans être indispensable au sujet que nous avons abordé, éclai-
rera cependant bien des points demeurés nécessairement obscurs
dans un travail aussi réduit. Il est du reste toujours utile, quand
on s'est appliqué à jeter bas un système, de montrer pourquoi
ce système n'a pas abouti.

Nous avons tout au long de ce travail mis en présence deux
facteurs tels que l'un est nécessairement la négation de l'autre :
matière pondérable d'une part, principe invisible de l'autre; et
nous avons essayé de montrer que si de l'activité ou de l'être
se produisent dans le monde, ce n'est pas parce que la matière
enferme en son sein les propriétés qu'elle manifeste, mais bien
parce qu'elle est sujette à la dissolution.

Il semble donc bien que, à prendre les choses en plein, la
lutte puisse désormais être circonscrite entre deux écoles dont,
évidemment aussi, chacune sera la négation de l'autre : l'une
qui, niant toute dualité, demandera au monde visible non plus
seulement de conditionner mais de produire les choses, l'autre
qui s'adressera, pour connaître les causes, à un monde invisible,
auquel le monde visible devra seulement rendre témoignage;
l'une qui verra dans le monde visible — et cela évidemment
parce que visible, parce que perçu par les sens — l'organe générateur des choses, l'autre qui, justement parce que l'univers aura
de la masse, de l'inertie et de l'impénétrabilité, c'est-à-dire tom-

bera sous les sens, pensera qu'il a été dès l'origine chassé au loin par la Cause infiniment vivante, infiniment immatérielle et pénétrable qui l'a conçu; l'une encore qui admettra que les propriétés d'un tout quelconque, univers, aimant ou esprit, ne sont que *l'ensemble* des propriétés de chacune des parties tangibles qui le constituent, l'autre qui soutiendra qu'il faut chercher l'explication des choses, aussi bien de l'univers que de l'aimant, dans une lutte contre nature, dans un antagonisme absolu entre les parties, *seules accessibles aux sens*, et la loi, *toujours invisible* qui, en coordonnant ces parties, constitue le tout; l'une enfin qui verra dans le *développement indéfini* d'un premier germe *facile à voir*, la raison d'être du monde et de l'esprit, l'autre qui, considérant la matière comme la négation de toute activité, cherchera la raison d'être de l'univers dans une destruction lente et rythmée de l'être matériel.

On le voit, l'antagonisme est absolu, et c'est bien sous deux aspects, non seulement différents, mais essentiellement contradictoires que le problème se présente à nous.

D'un côté, la matière est un foyer d'énergie, de l'autre, elle est le tremplin qui, en pliant, met en valeur une énergie qui lui est extérieure; d'un côté, la matière est la source de l'être, de l'autre, elle est le résidu qui échappe à l'activité d'un esprit naissant, encore malhabile à diriger son être; d'un côté, elle est l'être en soi, elle est Dieu, de l'autre, elle est entièrement étrangère à l'être causal qui l'a engendrée; elle est la négation de Dieu, de l'être et de l'esprit.

Voyons donc où est le vrai, et pour cela interrogeons les faits.

Ils vont nous répondre d'une façon si précise et si claire que le seul étonnement sera qu'on ait pu ne pas les entendre.

C'est en effet une loi absolument générale de la nature, que tout ce qui naît à une vie personnelle et se revêt d'une forme matérielle, doit d'abord *s'éloigner* de la source ou du centre qui l'a conçu. C'est, autrement dit, une loi générale que le centre des choses — peut-être parce qu'il tient à demeurer l'Innommable et a en horreur tout ce qui est inertie — a hâte de rejeter au loin et de chasser jusqu'à l'horizon l'élément plus ou moins mort, c'est-à-dire plus ou moins matériel, tenace et impénétrable qui, à une certaine heure, et parce que la pensée s'en sépare, tend à se former dans son sein. En un mot, c'est une loi générale — et du reste banale à force d'être évidente — que tout être nouveau n'arrive à la réalité qu'à la condition de devenir extérieur à la cause qui l'engendre.

Et de là cette conséquence, c'est qu'une tendance nettement centrifuge sera toujours à la base de toute nouvelle activité. C'est elle, en effet, qui expliquera pourquoi les êtres les plus élémentaires du règne végétal ou animal commencent tous par se revêtir d'une enveloppe extérieure sécrétée par eux; c'est elle qui dira pourquoi l'organisme vivant a hâte de se débarrasser de tous les résidus de son activité retombés définitivement dans le règne inorganique; c'est elle encore qui permettra de comprendre pourquoi la cellule vivante tend à se séparer de son noyau, et finit par le désagréger et par l'expulser au dehors, du moins en partie, lorsqu'elle a acquis une force suffisante — ce qui d'ailleurs donne naissance à une autre cellule vivante parce que le noyau, un peu comme l'ouvrier qui, chassé de l'usine après de longues années de travail, emporte du *long* séjour qu'il y a fait des connaissances suffisantes pour lui permettre de fonder une nouvelle usine auprès de la première, entraîne avec lui une certaine quantité de plasma vivant qui lui permettra de former un nouvel organisme semblable au premier; — c'est elle enfin qui expliquera pourquoi le sein maternel chasse naturellement au dehors l'enfant venu à terme, de même que, à l'origine des choses, la nébuleuse, l'énergie primitive chassa sans doute, elle aussi, vers des sphères concentriques, les particules solides qui se formaient en elle (1).

Et pour tout dire d'un mot, c'est elle qui permettra de formuler ce principe : à savoir qu'entre l'histoire d'un atome, celle d'un résidu ou d'une sécrétion de l'organisme vivant, il n'y a au fond qu'une différence de temps. L'être en voie de se faire

____

(1) C'est du moins là ce que nous dit M. Faye lorsqu'il remarque que « les anneaux nébuleux générateurs des planètes ont été créés indépendamment du soleil, et même avant lui, sous l'empire d'une giration plus générale et préexistante... » (*L'Origine du monde*, p. 160).

a-t-il pu, *malgré* cette nausée de l'énergie centrale, *malgré* cette force centrifuge qui tend à le chasser à l'extérieur, se maintenir suffisamment longtemps dans le sein de sa mère ou au centre de la colonie qui le nourrit, attendre ou être patient, il en sort être vivant : ou du moins susceptible de vivre puisque, ici toute la série d'étage, depuis l'œuf jusqu'à l'organisme le plus parfait, en passant par les marsupiaux, êtres qui, venus hâtivement à l'existence, ne sont encore à leur naissance qu'à demi-vivants. A-t-il été expulsé brutalement *dès l'origine*, il n'est rien qu'un atome ou, plus tard, une planète.

Et, dans ce cas, sa mère n'est encore elle-même qu'un *devenir* incohérent qui, fait de violence et de brutalité, n'a d'autre politique que de rejeter au loin et d'expatrier tout ce qui en elle tend à se définir et à s'organiser. C'est alors l'état sauvage dans toute sa plénitude, c'est l'expulsion, l'exil et le bannissement proclamés lois souveraines, c'est l'infanticide, l'avortement et le divorce devenus l'expression adéquate d'un tel état et d'une telle anarchie.

Or, une importante conclusion, toujours la même du reste, se dégage de là. C'est que ce ne sera pas en se prolongeant, en consacrant et en développant ce que déjà il est, que l'atome, c'est-à-dire la matière, ou, d'une manière plus générale, tout être tangible, engendrera l'être plus complexe qui suivra, *puisqu'il a été chassé lui-même dès l'origine vers la périphérie, et que, par sa nature même, il est essentiellement excentrique, étranger à sa raison d'être;* ce sera en se rapprochant de son centre, c'est-à-dire en se fondant ou en s'affinant.

En résumé donc, l'atome ne sera qu'un simple objet manufacturé entièrement étranger à sa causalité et *a fortiori* à toute causalité. Partie visible d'un tout invisible, il apparaîtra, par son être comme par ses qualités apparentes et sa situation dans l'espace, comme la négation du tout dont il ne sera qu'une manifestation sensible et passagère.

Et alors le problème posé au début se présente avec une nouvelle force. Ce qu'il faudra savoir, en effet, c'est si un premier être tangible, déjà parfaitement caractérisé, *contient* en

soi une potentialité illimitée, et, par *prolongation*, par *filiation*,
par *affirmation de son moi*, produit le mouvement, l'attraction
ou l'esprit, et engendre toute la série, également sans limites,
des choses, des harmonies ou des êtres qui lui succéderont dans
le temps, si par conséquent, en se bornant à son étude, on
touchera à l'essence et au principe des choses, si, autrement dit,
il est l'être *sourciel* et par là *central* d'où découleront, au cours
des âges, tous les autres êtres, si, par exemple, rien ne se cachant
plus derrière l'être qui *ostensiblement* se montre au premier plan,
seuls les astres, simples amas d'atomes solides, existent dans
un espace qui, pour être invisible, est d'emblée proclamé le
néant, le vide parfait; ou si l'être tangible n'est qu'une manifestation, *excentrique* et *étrangère* à sa raison d'être dans la
mesure même où elle nous apparaît, de la cause cachée et universelle, qui ne lui a conféré sa réalité phénoménale qu'en le
rejetant de son sein.

Et c'est bien là la question capitale; car, si dans le premier
cas, l'objet le plus voisin, le premier aperçu ou le plus familier,
le corps humain, l'atome ou la terre, devient nécessairement le
point de départ et le centre des choses — d'où le sensualisme,
l'atomisme et les théories pythagoriciennes; — dans le second
cas, ce centre ne pourra être que le dernier venu, pour nous, à la
réalité, c'est-à-dire l'esprit, l'éther ou le soleil. Si, dans le premier cas, l'être tangible apparu le premier, qu'il soit un atome,
une monère ou un singe, est lui-même substrat et lieu d'origine
des êtres à venir, si c'est autour de lui que l'univers tout entier,
y compris la Divinité, doit graviter, et si la fortune de l'être
parfait, attachée à sa propre fortune, doit dévaler éternellement
vers un avenir qui le fuira toujours; dans le second cas, on
comprendra que l'être tangible, projeté dès l'origine jusqu'à
l'horizon, vienne se situer à la périphérie, et qu'il ne soit plus
qu'une simple carapace, qu'une griffe de l'idée, qui, faite de
choses mortes, abritera et au besoin défendra l'enfance de
l'esprit.

Et, dans cette dernière hypothèse, l'être central reprendra tout
naturellement la place à laquelle il a droit. Il sera tout à la

fois la racine et le terme des choses : la racine comme puissance encore impalpable — *Invisible* et *Inconnaissable* Divinité s'il s'agit du commencement *absolu* des choses, devenir *nébuleux* et non soleil déjà tout formé s'il est question de la formation de l'univers cosmique, — le terme comme être pleinement réalisé et désormais susceptible, après s'être incarné, de tomber sous nos prises.

Encore une fois, c'est donc bien là la question qui prime toutes les autres, puisque, selon ce que sera la réponse, on aboutira à deux représentations du monde diamétralement opposées.

D'un côté en effet, on aura l'*Évolution*, c'est-à-dire l'affirmation scientifique que le premier être tangible apparu dans le temps, la rupture d'équilibre qui, dès l'origine, a produit les différents êtres palpables que nous connaissons, atomes, monères ou planètes *enferme en son sein*, à l'état latent, non seulement toutes les propriétés qu'il manifeste au dehors aux divers moments de son existence, vitalité, force attractive ou puissance lumineuse, mais encore celles qu'il transmettra aux êtres plus complexes qui, pour être venus postérieurement à lui, ont été cataloués ses descendants et placés sous sa dépen-dance; de l'autre, la *Substitution*, c'est-à-dire la croyance que, bien loin que l'atome, la monère ou l'astre *contiennent* en eux les propriétés qu'ils manifestent au dehors, — ou, ce qui est tout un, bien loin qu'ils soient à la source des choses (1), — ils sont purement et

---

(1) C'est là pourtant, on le sait, la base même des théories évolutionistes. « La conception évolutioniste, dit M. A. Sabatier (*Philosophie de l'Effort*, p. 24), entraîne avec elle une conception toute spéciale des origines... Dans une évolution, le point de départ étant donné, tout ce qui en sort descend *en réalité* de ce point de départ, et rien d'*entièrement étranger* à ce dernier ne saurait prendre place dans la série des formes évolutives. Si bien qu'il est logique de considérer le point d'origine comme *renfermant en lui*, comme *possédant* le germe de tout ce qui en sortira par voie évolutive... De là résulte une conséquence importante pour la méthode et les habitudes d'esprit des évolutionistes... En présence d'un phénomène... ils sont tenus d'en rechercher l'origine et le point de départ dans *ce qui existait déjà.* » Et plus loin (p. 345) : « Tout ce que nous observons sur notre globe nous montre clairement que, des forces dites de la matière brute ou forces cosmiques, sont nées les forces dites vitales et enfin les énergies dites mentales et spirituelles. »

simplement la *négation* —· nécessairement excentrique à cette
source — de ces mêmes propriétés qu'ils ne manifestent qu'à la
condition de se détruire et dans la mesure exacte où ils cessent
d'exister : d'un côté, l'idée du perfectible attachée à la libre
expansion du déjà réel, du déjà connu ou du déjà palpable; de
l'autre, la causalité du progrès ou de l'harmonie vue dans la
résorption du particulier et du local, c'est-à-dire du déjà réel,
du déjà connu ou du déjà palpable : d'un côté encore, le sen-
timent que l'idée spécifique ou le phénomène palpable qui le
premier nous tombe sous la main, engendre, *en s'affirmant au
dehors*, c'est-à-dire par *émission*, par *prolongation*, par *multiplication* de son *moi*, du même coup gros de tout l'avenir, l'être
total qui résultera de l'assemblage de phénomènes tous plus ou
moins identiques entre eux; de l'autre, la pensée que cette première idée ou ce premier phénomène palpable ne sont qu'une
spontanéité de l'esprit sans lendemain, qu'un obstacle en soi
presque entièrement inerte, première erreur de la nature et
chose plus ou moins morte, qui, chassée au loin de son foyer
doit, pour déterminer de nouveaux phénomènes ou engendrer
des êtres plus complexes, s'éliminer plus ou moins *complètement*
et plus ou moins *brusquement* elle-même : d'un côté enfin, l'exaltation indéfinie d'une puissance « qui entend désormais puiser
ses ressources en elle-même (1) »; de l'autre, l'histoire de la
raison humaine venant nous montrer que, chaque fois qu'elle a
été livrée à elle-même, l'humanité, sacrifiant d'emblée à un instinct inhérent à son être, mais qui tue, l'Esprit qui, lui, vient de
l'extérieur, mais qui seul peut, en la pénétrant, lui apprendre
le mystère de la vie, a toujours préféré le particulier au général
et l'attrait simpliste du moment qui s'appelle le plaisir à l'attrait
plus complexe du lendemain qui s'appelle le bonheur.

Mais on insiste. Il nous faut donc insister aussi.

C'est, nous dit-on, avilir la nature humaine que de lui apprendre à perdre de sa taille en face de l'obstacle qu'il s'agit de
franchir; ce n'est, soutenons-nous, qu'à la condition de perdre

---

(1) Discours prononcé au Trocadéro par M. Berthelot à la fête de la
Raison, le 8 novembre 1903.

de sa taille et de commencer par diminuer son *moi* que le gymnasiarque *acquiert* la faculté de bondir en avant. C'est, nous dit-on, en payant d'audace, en parlant haut et en s'affirmant fort qu'on en impose, qu'on étend son empire et qu'on est sacré roi; seule, affirmons-nous, et cette fois avec toute la nature, la réserve, la prudence et la faiblesse — qui d'ailleurs est le droit (1) — portent dans leur sein maternel la fécondité. C'est, continue-t-on, en regardant exclusivement du côté de l'efflorescence venue en pleine lumière et seule accessible à l'expérience ou à l'observation, que « la Science » se fait; ce n'est, constatons-nous, qu'à la condition de se maintenir dans l'ombre, cachée au vulgaire, que la racine comme la pensée remplissent leur rôle et donnent la vie à une floraison extérieure, qui, sans elles, ne serait pas (2). C'est, nous dit-on enfin, en étalant les choses dans toute leur nudité et en s'en remplissant les yeux qu'on arrive à l'esprit et à plus de connaissance (3); c'est, soutenons-nous, en commençant par voiler ces nudités encore trop matérielles, trop animales, et en se souvenant que la fascination, elle aussi, est un fait — *et le plus dangereux pour un esprit*

(1) On sait ce qu'on a fait à notre époque de cette vérité. Pour nos modernes, le droit n'est autre chose que le triomphe de la force. Nous n'en sommes plus à la formule pseudo-bismarkienne : La force prime le droit. On a trouvé mieux : La force, a-t-on dit, c'est le droit. C'est, proclame Darwin, la source même du droit. Et, faisant écho à cette doctrine, aujourd'hui trop connue, M. Clémenceau nous apprend que « le droit est un fait de force qui s'impose. » Vainqueur de l'anarchiste ou du tyran qui le menace, il le tue, vaincu il l'adore.

(2) Signalons ici en passant une très remarquable étude de M. de Montmorand parue dans la *Revue philosophique* de mars 1904. L'auteur, coupant court à tous les sophismes qui sont le plus clair d'une science trop creuse pour n'être pas boursouflée, et, se faisant, peut-être sans le savoir, l'écho de Claude Bernard, nous rappelle cette vérité, banale à force d'être évidente, que la vie affaissée, la vie dormante est la condition de la vie active. (Voyez la note 1 de la page 59.)

(3) Voilà bien où le bât nous blesse ; et rien de plus curieux que de constater dans les lignes qui suivent comment cette tendance est devenue l'assise inconsciente d'une nouvelle philosophie :

« Comprendre une chose, dit M. G. Cantecor, serait-ce, par hasard, *s'en détourner* pour aller chercher je ne sais où, dans les profondeurs de la réalité ou de l'esprit, une autre donnée sans lien visible avec la première, mais qui se trouverait apte, par miracle, à nous en procurer

naissant — qu'on atteint à la vérité et qu'on marche vers plus de vie.

Et, pour toucher à nouveau au monde cosmique, c'est, nous dit-on, parce que l'attraction et l'affinité sont des propriétés élémentaires et fondamentales inhérentes à l'atome supposé *a priori* indestructible et nécessaire — autant dire divin — que les molécules ou les astres s'attirent; c'est, pensons-nous, parce que, à toute heure, la matière, par nature, étrangère et excentrique à sa cause, comme d'ailleurs à toute cause, se *désagrège* et se *dissout*, qu'elle produit, en pleine contradiction avec l'existence même de l'élément matériel, ce vide relatif qui seul détermine l'attraction universelle ou permet l'organisation.

Le problème semble donc résolu, et — en complet antagonisme avec le principe positiviste et transformiste dont le dogme fondamental est que toute chose organisée, tout être supérieur et l'esprit lui-même, n'est qu'un simple épiphénomène et un épisode de l'univers — un tout quelconque, que ce soit un aimant ou l'idée abstraite, lien suprême et dernier terme des choses, est nécessairement, par sa formation même, la contradictoire absolue des parties qu'il lie, et l'antithèse du monde tangible et de la sensation.

En d'autres termes, non seulement ce qui tend à s'organiser, aimant, corps humain, esprit ou corps social, n'a pas pour expression, l'évolution *affirmative* des choses, non seulement il n'est pas une prolongation et comme une exaltation du monde

l'intelligence? Qui ne voit, au contraire, que la pensée *continue*, en un sens, la représentation, qu'elle ne se sépare pas de son objet... mais que *toujours elle y reste attachée*. » (*Revue philosophique*, mars 1903, *La philosophie nouvelle*, p. 271).

Évidemment M. Cantecor est de ceux qui s'obstinent à confondre l'utilitarisme, c'est-à-dire ce qui *tombe* et se *prolonge* dans le domaine des faits avec la fécondité et la source du progrès. Et, pour prendre un exemple à portée de son esprit positif : Qui ne voit, pourrait-on lui dire, que la vapeur d'eau, pour acquérir sa fécondité, ne continue pas sa représentation tangible, qu'elle se sépare de son objet, le fleuve, monte pendant qu'il continue à descendre et que jamais elle n'y reste attachée.

Nous croyons du reste avoir suffisamment montré que ce n'est nullement en les prolongeant et en y demeurant attaché que l'esprit arrive à la compréhension des choses mais bien en les dissolvant.

purement matériel, mais l'être en soi n'a, pour prendre pied dans l'univers visible, qu'une exigence, et cette exigence, c'est la *fusion*, la *conciliation* de ces mêmes contraires qui seuls constituent l'univers visible (1).

C'est dire que cela même qui constitue l'unité, cela même qui lie, que ce lien soit la vie (2), l'esprit (3), la science (4), l'affinité (5), l'attraction universelle (6) ou l'amour (7), est nécessairement *d'une tout autre nature* qu'une collection de faits, qu'un amas de molécules, qu'un ensemble de globes ou qu'un agrégat d'égoïsmes dont il exige la destruction (8). Et c'est dire aussi

(1) Voyez entre autres les pages 9, 39, deuxième paragraphe, 48 et 49.

(2) Voyez le chapitre IV, p. 70.

(3) Voyez en particulier la note 1 de la page 73.

(4) Voyez la note 2 de la page 18 et la note 1 de la page 77, quatrième alinéa.

(5) Voyez la note 2 de la page 26, quatrième alinéa.

(6) Voyez la note 1 de la page 13.

(7) Le mot charité, avec le sens que lui a donné le Christianisme, exprime du reste beaucoup mieux que le mot amour l'objet et la condition de l'amour. Il en exprime en effet mieux l'objet qui est une union, et il en exprime mieux aussi la condition qui est une destruction, une fusion de deux êtres, dont l'union n'a lieu qu'autant que chacun d'eux concède à l'autre quelque chose de son moi.

(8) Toujours la même remarque bien entendu, et toujours aussi la même distinction à établir entre une destruction *brutale* et *rapide* et une destruction *lente* et *harmonieuse*. Brutale, la destruction du monde matériel tend à replonger l'univers dans le néant, lente et harmonieuse, elle refait sans cesse sous une forme plus vivante cela même qui se détruit, et qui se trouve ainsi accroître sa personnalité (dans ce qu'elle a de vivant) au moment même où elle la perd.

Et ceci, répétons-le, n'est pas vrai seulement de la matière organisée et vivante, ce l'est encore (nous l'avons vu à la page 63 et à la note 1 de cette page) de cet autre organisme qui s'appelle la Société.

Veut-on, sous prétexte de fonder l'unité morale d'un pays, violenter les citoyens, on enfante l'anarchie. Essaie-t-on, par la persuasion, de fondre ensemble des individualités qui, en s'isolant, ne pourraient que se détruire et détruire du même coup la collectivité dont ils font partie, on fonde une Société durable, à la fois une et différenciée : une par l'amour qui unit chacun de ses membres ; différenciée par la réaction personnelle désormais pondérée, que provoque dans l'individu la vie calme, profonde et harmonieuse qui émane de tous les autres membres, et dont il se nourrit.

Enfin cette vérité se vérifie encore si l'on cherche à concilier l'antagonisme, irréductible semble-t-il, qui s'élève entre l'idée de patrie et l'humanité.

que ce quelque chose dont l'essence est de lier, ce quelque chose qui, en soi, est le tout, aimant, monde, esprit ou société, c'est-à-dire sans lequel il n'y aurait ni aimant, ni monde, ni esprit, ni société (1), se trouve en pleine opposition avec les données de l'expérience et de l'observation, seules sources aujourd'hui d'information de la science positive.

C'est dire enfin que le positivisme n'est au fond que la « Somme positive » des erreurs d'une nature encore en enfance, et comme la concentration, le bloc de contingences mensongères que, dans tous les domaines, elle juxtapose mais demeure incapable d'unir.

Et on comprend maintenant pourquoi « la Science », dont c'est aujourd'hui un axiome que le tout n'est qu'une simple accumulation, une simple juxtaposition de parties, a été complètement impuissante aussi bien à donner une théorie du tout qu'est

Pense-t-on en s'attaquant à toutes les forces vives d'un pays et en atrophiant ce muscle social qui s'appelle l'armée, supprimer toute frontière, c'est la guerre qui éclate. S'astreint-on au contraire, par des concessions réciproques à éliminer peu à peu ce qui divise, l'union — dont, il ne faut pas l'oublier, la première heure est la prudence — se fait tout naturellement. Tous deux organismes vivants, les deux pays peuvent désormais s'assimiler des produits étrangers à leur sol respectif, et chacun d'eux, tout en devenant de plus en plus l'autre, voit alors s'accroître sa propre vitalité.

Et c'est ainsi que, pour avoir consenti à se départir — tout en n'oubliant pas qu'il est nécessaire de garder en réserve une force matérielle toujours prête à agir, dans un monde où la violence et le viol sont à la source de la vie — d'une prétention injustifiée, ou avoir sacrifié à l'intérêt général des vues ambitieuses ou purement dynastiques, chacun des deux pays, qui eût nécessairement fini par s'anémier en s'obstinant à porter d'un seul côté tout le poids de ses efforts, acquiert une nouvelle force et une nouvelle vitalité.

(1) Sans destruction, avons-nous dit (page 4, premier paragraphe), il n'y aurait plus d'attraction, et sans attraction l'univers matériel tout entier cesserait d'exister. La même loi s'applique à l'esprit et à la société. Que les parties tangibles qui constituent, soit l'assise de l'esprit, c'est-à-dire le corps humain, soit la société, c'est-à-dire les individualités, cessent de se dissoudre et de fusionner, qu'elles se raidissent et s'abritent sous un *moi* absolu, et du même coup esprit et société cesseront brusquement d'exister. L'égoïsme indompté des parties aura été l'artisan de leur ruine.

l'aimant qu'à établir une définition du tout qu'est la vie, l'univers ou l'esprit (1).

Rivée d'emblée par sa méthode au monde tangible, c'est-à-dire aux diverses parties *nécessairement excentriques* de l'être en soi, elle s'est, comme le végétal, et aussi comme les premiers astronomes, fixée là où elle était tombée, et de ce point excentrique pris pour centre elle a dû, afin d'expliquer l'esprit, en faire soit une simple sécrétion de la matière, soit un simple épiphénomène de l'univers cosmique. Et, du même coup, l'atome, la matière, *sous prétexte qu'on l'avait aperçue la première* et qu'elle était plus à portée de la main, est tout naturellement devenue le centre et la source de la vie puis de l'esprit, comme la terre avait été, pour les anciens, le centre du système solaire et l'origine de tous ses mouvements, comme les globes ont été pour Newton, et sont encore pour nos savants modernes, la cause de l'attraction universelle, comme la maison où l'on est né, la charrue dont on se sert ou la passion dominante ont été de tout temps, pour la grande masse de l'humanité, le prototype des choses, le modèle qu'il faut suivre ou le dieu qu'il faut adorer.

Étrange retour des choses, au moment même où « la Science », en pleine possession d'elle-même, jetait l'anathème aux épicycles

---

(1) M. A. Sabatier remarque très justement que la science positive « use d'un procédé... qui consiste à étendre au *tout*, à l'univers, des résultats qui sont forcément, pour nous, localisés et circonscrits aux minimes proportions des *parties* que nos observations et que nos expériences peuvent atteindre. C'est tout, dit-il, ce que peut faire la science... » Aussi ajoute-t-il qu'un tel procédé est « loin d'avoir une *valeur absolue*. » Nous dirons plus, nous dirons qu'un tel procédé mène nécessairement à l'erreur absolue. Il revient en effet à dire que les éléments constitutifs d'un tout supposé inaccessible à l'observation, par exemple de l'hydrogène et de l'oxygène, ou du chlore et du sodium, devront, en se combinant, donner nécessairement naissance, les premiers à un tout gazeux, c'est-à-dire de même nature qu'eux, à la fois combustible et comburant, les seconds à un poison violent, synthèse des poisons que sont le chlore et le sodium. Or il se trouve que l'oxygène, en se combinant à l'hydrogène, donne de l'eau, corps qui n'est ni gazeux, ni comburant, ni combustible, et que le chlore, en se combinant au sodium, donne du chlorure de sodium lequel n'est autre chose que le sel de cuisine. Le tout, autrement dit, se trouve être précisément en pleine contradiction avec ses éléments constitutifs.

de Ptolémée, le grand scandale du monde savant, sans y prendre garde, elle instaurait à son tour, et dans un domaine autrement vaste, les épicycles du transformisme et du positivisme. Moins heureuse que les anciens qui, eux du moins, avaient eu une vague idée que les choses avaient d'abord pris forme à la périphérie sur de vastes sphères concentriques « solides comme un cristal d'airain » pour venir plus tard seulement aboutir au centre, elle partait d'un centre tout formé bien matériel et facile à voir — qui justement d'ailleurs parce qu'il était déjà accessible aux sens n'en était pas un — pour n'aboutir ni à rien, ni nulle part.

De là tous ses déboires comme toutes ses erreurs.

Pressée d'aboutir à l'explication rationnelle d'un monde qu'elle voulait à tout prix connaître avant même d'être initiée à l'esprit, mais trop positive pour oser faire état d'une arrière-pensée non encore cristallisée, et qui, d'ailleurs, n'étant pas prouvée, ne pouvait être, à son sens, qu'un mensonge, elle devait en effet se fier pleinement à l'atome, et croire que cela même, qui tout d'abord venait se montrer et s'imposer plus ou moins brutalement à elle, était le vrai et le centre des choses. Elle devait, pour avoir aimé mieux croire sur parole la Nature que l'Esprit, pour avoir préféré se ranger aux arguments essentiellement autoritaires d'un monde où le déterminisme règne en maître, plutôt que de prêter l'oreille aux sollicitations persuasives de l'Idée, opter pour les choses. Et, fille désormais soumise, elle ne pouvait, en face d'une nature qui, encore au berceau, avait su parler haut, que prendre pour argent comptant ses paroles, ses promesses ou ses gestes.

Et effectivement, non seulement les positivistes contemporains n'ont pas songé à *éliminer*, à *laisser là* un premier objet aperçu ou une première manifestation de l'activité organique, mais prenant « la paille des mots » pour « le grain des choses », et cela même qui n'était que la marque d'un besoin ou la preuve d'un dénuement pour une cause et un moteur (1), ils se sont

(1) C'est peut-être la chose la plus étrange du monde, mais qui, à elle seule, suffirait à indiquer l'orientation de l'esprit humain, qu'on ait pu faire de cette manifestation *externe* et *partielle*, organique en un mot, de l'être, qui s'appelle l'instinct, et dont la caractéristique est d'être

obstinés à vouloir greffer sur cette différenciation tapageuse mais essentiellement étrangère à sa cause, l'activité centrale qu'ils ne connaissaient pas.

Obligés pour naître à une vie personnelle, de s'éloigner du centre générateur, du sein maternel qui les avait conçus, et se trouvant, encore tout enfants, assis sur une excentricité de l'idée créatrice — elle-même contrainte dès l'origine des choses de s'étendre de toutes parts jusqu'à l'horizon, afin, en se morcelant et en se divisant, de cristalliser et de pouvoir ainsi servir d'échafaudage au *moi* qui allait naître — non seulement ils n'ont pas cherché à ramener, en la dissolvant, cette excentricité, cette monstruosité vers son centre, non seulement ils ne se sont pas efforcés de *perdre de vue* ce point fascinateur, se contentant d'y poser momentanément les pieds, mais ils l'ont exalté en en faisant l'origine et le terme des choses.

Pour s'être refusés ou avoir été impuissants à sortir d'un déterminisme rigide, d'une localisation primesautière inhérente à toute pensée naissante, et n'avoir pu se soustraire tout d'abord à l'action d'une attraction qui d'emblée les tenait, eux aussi, liés à cette parcelle cosmique, à ce noyau solidifié qu'est l'atome — atome dont *a priori* ils avaient, atomistes convaincus, fait le foyer et le principe des choses, — pour avoir enfin voulu subordonner l'univers tout entier au canton qu'ils habitaient et moulé la Vérité totale sur la spécialisation qu'ils étaient, ils ont, nouveaux Ptolémées, faussé tous les rouages du mécanisme universel.

un manque et un besoin — une sorte de *qualité inhérente* (*in stare*, se tenir dans) à l'être, et même un générateur de l'esprit.

Ce n'était là rien moins du reste que préparer de longue main le terrain sur lequel les simplistes, toujours prêts à se laisser prendre aux mots, allaient pouvoir, sous une apparence logique, établir l'identité de l'être et du non-être, du manque et de l'avoir.

Nous insistons donc sur ce point tout à fait étranger aux conceptions modernes : Tout instinct n'est nullement une tendance vers l'être, mais bien une tendance vers le néant et un premier pas fait vers lui. Livré à ses seules ressources, il ne songe qu'à se satisfaire, c'est-à-dire à se détruire, puisqu'en soi il n'est autre chose qu'un vide, qu'un manque d'être. L'idée au contraire est cette puissance qui se saisit de cet instinct, s'y substitue et le pousse ainsi, malgré lui, vers l'être.

Mis en face d'une réalité nouvelle, ils ont enfin supposé que le réactif nécessaire, le corps-témoin indispensable pour que la combinaison ait lieu, était la cause de la combinaison.

Et alors, impuissants qu'ils étaient à venir se placer au centre du panorama qu'ils avaient hâte de contempler, mais persuadés qu'ils y étaient déjà — cela évidemment afin de n'avoir pas à *abandonner* (1) une forme palpable qui les charmait ou un point de vue étroit qu'un orgueil aussi tenace qu'inconscient mais plus curieux que chercheur ne demandait pas mieux que de proclamer le dieu qu'il faut adorer — ils ont fait du Centre qu'ils n'étaient pas un simple point excentrique négligeable, et du point excentrique qu'ils étaient et qui gravitait à l'infini de ce Centre, le centre qu'il leur importait d'être. Partis d'une idée renversée, d'une idée à rebours qui était la négation même, la doublure du vrai — et aussi la marque d'un état inné de révolte d'une infime partie d'un tout contre ce tout que, encore une fois, ils voulaient être mais qu'ils n'étaient pas, — ils n'ont pas su voir enfin que le propre d'un être qui naît ou d'une pensée qui germe est de commencer par *sortir* de son domaine et de n'apparaître tout d'abord que sous la forme d'une frontière ou d'une coque. Et, partant, ils ont affirmé que la coque c'est l'être, au lieu de comprendre qu'il faut *briser* la coque pour que l'être soit.

Ils ont, autrement dit, en prenant la première heure de l'univers visible pour substrat des choses à venir, et en se refusant à voir que le premier être apparu dans le temps n'est qu'un point de la circonférence, qu'un cap qui, pour s'être follement lancé en plein océan, n'est plus qu'une terre stérile, immortalisé cela

(1) On comprend bien que les mots : abandonner, perdre de vue, dissoudre, éliminer, détruire, émonder, etc., ont ici une signification générale analogue. Ce n'est pas, veulent-ils dire, en se développant, en s'amplifiant, en se solidifiant — d'où sans doute solidarité — en se nourrissant enfin de choses, atomes, pommes de terre, côtelettes, importantes sinécures, nomenclatures ou chronologies, que l'énergie capable de science, de vie ou d'esprit engendre la science, la vie l'esprit, ou conduit au vrai, à l'unité ou à l'amour, c'est en se dissocia et en se laissant fondre — d'où sans doute aussi charité, — c'est-à-d en cessant d'être ce que déjà *visiblement* elle est.

même qui, après avoir fait naissance à l'infini de l'Esprit, ne pouvait lui faire place de nouveau qu'en se dissolvant (1).

Ils n'ont pas vu enfin qu'il fallait bien choisir, et qu'il était fatal qu'après avoir nié le Dieu *invisible* qu'est l'Esprit, après avoir posé en principe qu' « il est illogique d'attribuer à cet inconnaissable la direction du monde », on exaltât le dieu-matière toujours, lui au contraire, accessible aux sens, même les plus rudimentaires, et toujours disposé — pour donner malgré tout le branle à leur activité — à se montrer aux êtres encore trop bas pour atteindre à l'Idée.

Aussi, tandis que, d'un côté l'enfant, avec son exubérance native et primesautière, qui d'un même bond va *jusqu'au bout* de ses sentiments comme de ses impressions — d'où sa situation toujours excentrique par rapport à son *moi* central et pensant, — de l'autre l'idée naissante, l'imagination ou l'hypothèse, avec leur tendance innée à courir tout de suite jusqu'à leur horizon et à ne s'arrêter qu'après complet épuisement, de l'autre encore les premiers êtres, les premiers végétaux ou les premiers mondes, avec leur immense étendue, leur taille démesurée ou leurs membres massifs, de l'autre enfin l'érudit qui, pressé surtout de se faire un nom et d'apparaître au sommet de la Société, est plus impressionné par des hauteurs sans vie que par d'humbles

(1) Il faut bien voir en effet que si tout être perceptible aux sens n'est pas un centre, si, d'autre part, cet être a dû, pour acquérir sa caractéristique, être expulsé du centre générateur des choses, c'est donc que, pour y rentrer et faire retour vers ce point central d'où il émane, il devra se dépouiller de cette forme provisoire qu'il avait revêtue, et quitter une première existence factice, s'enterrer si l'on veut, pour naître à une vie réelle.

Ajoutons seulement que le point central autour duquel gravite la matière étant situé à l'infini, le dépouillement de la forme matérielle demeurera toujours à l'état de tendance et ne deviendra jamais un acte consommé. La partie tendra toujours à se dissoudre, mais, comme nous l'avons vu au chapitre III, elle se reformera constamment. Et seule la matière qui se sera raidie à l'excès sera définitivement détruite.

Et de là cette conséquence, c'est que, tandis que pour le positiviste, connaître un seul atome ou un seul monde, c'est connaître tout l'être, en réalité un atome quelconque ou un monde n'est qu'un obstacle soit à l'être, soit à la connaissance de l'être : obstacle qui, pour revenir vers l'être et le dévoiler, doit se détruire. Tel par exemple ce grain de blé qui, avant d'acquérir sa fécondité, doit commencer par se dissoudre.

coteaux pourtant en pleine fertilité, nous montraient que tout début est excessif, que par là même la première expression des choses est toujours *grossie, exagérée*, et que d'emblée l'être en voie de se faire s'élance jusqu'à l'un de ses sommets — lieu des choses mortes, glaces éternelles, ongles, griffes ou cheveux — pour, plus tard seulement, se replier sur lui-même et se fortifier, tandis enfin que l'être, quel qu'il soit, nous faisait voir qu'il commence toujours par s'entourer d'une sorte de gaine matérielle — croûte terrestre, carapace, peau, poils ou plumes — qui seule demeure visible et nous attire, mais qui n'est pas plus l'être qui l'a sécrétée que le goëmon abandonné sur le sable par le flux n'est l'océan qui le pousse au rivage, ou que la moraine n'est le glacier qui l'a chassée devant lui, « la Science », prenant cette gaine, cette croûte, cette carapace, ces plumes, cette peau, ce tas de goëmon ou cette moraine, en un mot, cette manifestation tangible de l'univers, cette *partie* visible et excentrique de l'être, pour son centre et sa source, n'hésitait pas à édifier sur lui toutes ses théories. Et à l'heure même où la nature tout entière venait lui dire que c'est derrière l'agitation et le tumulte forain, à l'aide desquels on trompe le simpliste en retenant toute son attention sur un premier plan, que se résolvent les plus grands problèmes politiques et sociaux, que c'est derrière un rideau de troupe que s'effectuent les mouvements stratégiques, que c'est sous le masque de la vertu que s'accomplissent les plus monstrueux forfaits, ou sous des tirades humanitaires que se cachent l'intérêt le plus bas et la passion la plus inavouable, sûre d'elle, elle prenait pour le lieu de la vie et l'âme des choses le lieu de la mort ou l'agitation du chaos.

Et du même coup tout s'explique. On s'explique comment, pour avoir méconnu l'ordre divin, et nécessairement alors fascinée par l'être ou l'organe apparent, *frappé cependant lui-même de stérilité parce que justement apparent*, parce que, de femelle qu'il était en puissance, il avait prématurément, dans sa hâte d'apparaître au grand jour, perdu l'équilibre et s'était transformé en un organe trop différencié pour être fécond, c'est-à-dire en un organe mâle, « la Science », nouvelle Eve qui

ne pourra désormais enfanter qu'au prix de sa virginité, se soit
attardée à rechercher dans le fait d'observation ou d'expérience
— peut-être parce qu'il représente la force et qu'on ne veut pas
voir que seule la faiblesse, l'indifférenciation est féconde —
la source des êtres à venir (1). On s'explique comment, prenant
la masse pour l'être, l'organe excentrique *apparent* pour l'organe
générateur, elle a lâché la proie pour l'ombre, et laissé derrière
elle la cause invisible, organisme féminin, éther ou idée, qui,
plus centrale, continuait à se cacher derrière les œuvres qu'elle
venait d'enfanter. Brutale elle ne pouvait alors que réduire en
esclavage l'être qui, en ce monde, est la source de la vie, et proclamer arbitre souverain des choses une force qui, en principe,
n'était destinée qu'à satisfaire et à féconder le droit (2). Elle
ne pouvait que s'agenouiller devant la Force couronnée, sans
même songer à se demander si cette force essentiellement brutale, nécessaire pour rompre des équilibres trop stables dans un
monde qui résiste encore à l'esprit, ne devait pas plutôt s'efforcer

(1) Il était en effet impossible qu'il en fût autrement, car, si sous
prétexte qu'on n'aperçoit pas le principe générateur, on fait d'un point
excentrique à la source des choses, c'est-à-dire à sa propre raison d'être,
cette même source et cette même raison d'être, ce qui n'est que carapace, c'est-à-dire sécrétion, déchet de la vie, et doit pouvoir se briser
ou tout au moins s'articuler sous l'effort de la vie, devient du même
coup l'être vivant, central et éternel qu'aucune destruction ne saurait
atteindre. La surface devient le fond, l'accident la substance, l'excré-
ment le principe vital ou même l'esprit ; enfin l'urée, le grand triomphe
d'un illustre chimiste contemporain, n'est plus une expression palpable
et partielle de la vie, elle est la vie, et savoir faire de l'urée, c'est savoir
faire de la vie. Quant au Principe d'où tout émane, quant au Tout
insaisissable qui, en les épointant, relie entre elles la multitude des
parties saillantes de l'être, il n'y a plus lieu d'en tenir compte puisque
ce qui n'est que sa forme tangible et le jour sous lequel il nous apparaît, est proclamé le Créateur qui a tout enfanté.

(2) On a dit très justement que la civilisation est œuvre féminine,
qu' « elle est la victoire de l'activité féminine qui crée la vie sur les
passions masculines qui la détruisent. » C'est en effet là une évidence,
et seule une nature plus près de l'animalité que de l'humanité a pu
proclamer la force, puissance créatrice des choses. A force de voir
l'expression masculine — qui d'ailleurs constitue aussi bien l'univers
visible que la forme apparente du gouvernement des peuples — s'étaler
partout, on a fini par croire que c'était elle qui créait tout.
Et de là cette conception barbare du droit qui est aujourd'hui le plus
clair de nos conquêtes modernes.

de disparaître pour venir féconder l'être central sous cette autre forme plus pondérée et mieux ordonnée qui, dans le domaine de l'esprit, s'appelle la volonté (1).

On s'explique que tout occupée et tout attentive à suivre du regard la première venue des manifestations extérieures de l'énergie capable des choses, sa première parole, sa première diversion ou son premier boniment, elle ait tout naturellement substitué l'évolution des formes apparentes et par là fragmentaires ossifiées et stériles, c'est-à-dire, à tout prendre, l'évolution *morphologique*, à l'évolution des formes cachées, c'est-à-dire à l'évolution — l'*involution* faudrait-il dire plutôt — soit *chimique*, soit *psychique*. Ce n'était là, il est vrai, que continuer les procédés grossiers des savants de l'antiquité qui, longtemps arrêtés à la physique, c'est-à-dire à l'étude des *qualités apparentes* des corps, n'en vinrent que beaucoup plus tard à la chimie, c'est-à-dire à l'étude de leur évolution interne, ce n'était là aussi que tomber dans un piège grossier, mais ce piège-là, la science positive ne pouvait l'éviter. Lancée dans cette voie, il était en effet fatal qu'elle tourne de plus en plus le dos au *devenir* sourciel qui, dans le silence du dedans, continuait, à l'abri des regards indiscrets — tout entiers, encore une fois, occupés qu'ils étaient à suivre la diversion produite (2)

---

(1) Nous avons vu aux pages 56 et 57, et en particulier à la note 1 de cette page, que la communication chez l'être organique capable de tendre vers le mieux vivre, c'est-à-dire vers l'esprit, devait se faire de centre à centre, c'est-à-dire d'âme à âme et non pas de surface à surface, c'est-à-dire d'organisme à organisme. Nous retrouvons ici le même principe.

(2) Ici, il faut l'avouer, la Divinité semble profondément coupable à notre égard puisque c'est elle qui, en ne craignant pas de grossir et d'amplifier les choses pour les mieux mettre en évidence, paraît nous inviter à en faire notre seul sujet d'études. Mais son excuse est que, si, pour mettre en branle notre activité tout d'abord grossière, elle nous propose ces phénomènes épars démesurément grossis — et cela, encore une fois, il le faut bien afin de nous contraindre à sortir, malgré nous, de notre inertie — Elle a pris soin de nous rappeler à toutes les heures de l'humanité que la source des choses n'est pas là.

Et c'est justement cet avertissement toujours répété, mais toujours méprisé, qui constitue l'idée religieuse, seule gardienne par conséquent de la vérité et de la vitalité de l'esprit humain.

— à s'affermir sous le couvert des êtres qu'elle venait d'engendrer. On s'explique enfin comment nos modernes, évidemment pour s'appuyer tout de suite sur quelque chose de solide(1), comme si leur pensée trop lourde craignait la pesanteur, ne se sont arrachés aux épicycles de Ptolémée que pour venir s'enlizer

Et du même coup on comprend pourquoi, sans le respect *a priori* de la Divinité, qui, en face du phénomène et à cette première heure d'un esprit encore étranger aux lois fondamentales de la vie, peut seule, en nous arrachant à un déterminisme fatalement entraînant, nous empêcher d'aller nous enlizer tout entiers dans l'objet qui invinciblement nous attire, il nous est impossible de remonter vers l'Esprit.

Aussi tout le problème sera-t-il de savoir si, fascinés par l'objet apparent, nous le suivrons jusqu'au bout, et si nous proclamerons vérité cela même qui tout d'abord aura frappé nos sens, ou si nous considérerons l'univers visible comme la surface mensongère d'un tout qui échappe à nos prises et que nos bras trop petits ne peuvent embrasser.

De là en effet deux écoles dont les tendances seront nécessairement en complet antagonisme : D'une part le matérialisme et le positivisme, pour qui la recherche de la vérité consistera uniquement à exalter ce qui existe déjà, c'est-à-dire pour qui la vérité ne sera autre chose que l'erreur prolongée, grossie, accrue, confirmée ; de l'autre le spiritualisme, qui d'emblée rivera à l'erreur qu'est tout être tangible ou toute manifestation isolée de l'énergie, l'idée de sacrifice, et soutiendra qu'on n'arrive à l'esprit qu'en effritant, qu'en émondant ce qui constitue le monde phénoménal. D'une part encore le pédagogue contemporain qui ne verra dans l'enfant que des biceps à développer et un organisme vivant à émanciper ; de l'autre l'ascète dont toute la préoccupation sera de lutter contre l'affirmation de son *moi* organique. D'une part enfin le triomphe immédiat, rapide, il est vrai, mais momentané de ce qui, dans l'humanité, n'est autre chose qu'un retour offensif de l'animalité, de l'autre la lente ascension vers un principe qui, filtrant alors à travers l'être matériel, l'affinera peu à peu et en accroîtra indéfiniment la vie.

(1) C'est d'ailleurs là une tendance bien connue de l'esprit humain, et c'est en particulier celle du cartésianisme. Pressé de s'appuyer sur quelque chose qui parle à l'esprit, Descartes a placé d'emblée la pensée *toute faite* au centre de l'homme, comme Laplace a plus tard placé d'emblée le soleil *tout fait* au centre du système solaire, comme aussi les atomistes ont placé d'emblée l'atome au centre de l'univers. Il n'a pas compris que la pensée, d'abord inconsciente dans son fond et par conséquent non pas encore pensée mais devenir-pensée, n'arrive à la conscience qu'après avoir été précisée, définie par le mot — mot prononcé soit par l'organisme humain, soit, antérieurement à sa formation, par la nature et qui, dans ce cas, est objet de sensation, — verbe lui-même du travailleur invisible dont nous ne voyons tout d'abord que l'œuvre matérielle : ce qui du reste a fait croire au positiviste simpliste que c'était lui qui avait enfanté la pensée.

dans les épicycles du matérialisme et du positivisme. Méconnaissants que tout centre, éther, soleil, crustacé, moelle d'arbre ou cerveau n'a qu'une densité très faible, et que seul ce qui *s'éloigne* assez de son centre pour se refroidir et tomber sous nos sens, peut venir se montrer à nous sous la forme d'un atome, d'une photosphère lumineuse, d'une carapace extérieure, d'une feuille ou d'un crâne, ils devaient croire, et effectivement ils ont cru, ou du moins ils ont fait comme s'ils le croyaient — et de là le transformisme et la plupart des théories aujourd'hui régnantes — que c'était l'atome, la photosphère solaire, la carapace, la feuille ou le crâne, sacrés eux-mêmes par là centres et générateurs des choses, qui avaient germé l'éther, le soleil, le crustacé, la graine ou l'idée (1).

Et voilà pourquoi à l'heure même où, semblable aux œuvres vives de certains végétaux qui n'exposent à la surface et aux hasards de la lutte que des parties dont la perte leur est indifférente, pendant que, derrière cet abri, ils continuent eux-mêmes à cheminer *dans l'ombre*, la science vraie, la science craintive du fait, toute recueillie et par là plus attrayante dans sa timidité, se dissimulait sous de passagères contingences, et — comme si elle craignait le contact d'admirateurs plus désireux de se servir d'elle, quitte à la déflorer, que de se pénétrer eux-mêmes de sa propre beauté — ne voulait qu'effleurer, de son pied virginal, le monde qui l'entourait, « la Science », plus préoccupée de courir avec les choses que de conserver intacte une vertu importune, voyait, nouvelle Vénus qui ose tout, dans le dévergondage scientifique, le plus sûr garant de la pensée humaine. Nécessairement elle devait alors substituer au mouvement nourricier du dehors au dedans, au recueillement et à la montée vers l'Esprit, propre à l'être vivant, à la vierge et à l'idée, le mouvement centrifuge, descendant et toujours facile du dedans au dehors, caractéristique de l'être inorganique, du voluptueux et aussi du badaud. Elle devait, tandis que l'être, *d'abord indéfinissable*, commence par se façonner des membres, par prononcer son verbe, et ne s'affirme centre que quand la

(1) Voyez l'Appendice II.

circonférence organique qui l'entoure, points, atomes, planètes, feuilles, organes ou instincts, a constitué sa base, prendre pour pivot ce premier objet facile à saisir et à portée de sa main, qu'est le point, l'atome, la planète, la feuille, l'organe, l'instinct ou la passion humaine (1). Elle devait enfin non plus seulement proclamer notre globe le centre de l'univers cosmique, mais contraindre, le code en main, l'esprit et l'univers tout entier à décrire leurs immenses orbites autour d'un simple ion, d'une monère, d'un amphioxus ou d'un singe. Et, comme tout se tient en ce monde, après avoir fait de la Vérité le satellite mobile d'un simple aperçu scientifique déclaré d'emblée intangible et immuable, elle devait finalement se réserver le droit d'être le foyer qui éclaire le monde et en règle l'harmonie. Devenue la Justice, le Droit et la Vérité, il était en effet logique qu'elle n'ait plus à connaître de ce Centre inconnu qu'elle prétendait être.

Et, curieuse rencontre, c'est ainsi que, joués tous ﬁ par l'ironie des choses, anciens et modernes sont venus à des milliers d'années d'intervalle, communier à l'erreur commune à tous les peuples et à tous les âges. A *priori* le plus tangible, le plus visible, le plus captivant pour les sens, le plus *pré*-occupant pour un esprit naissant et encore plus près du monde matériel et de l'instinct que de l'Esprit, a été pour tous le centre nécessaire et intangible (2) d'où les choses sont sorties, et autour

(1) Nous n'en finirions pas si nous voulions montrer que cette erreur est la méthode même de l'esprit humain. C'est ainsi par exemple qu'on en est venu à faire tourner l'amour lui-même autour d'une animalité que, pour n'avoir pas à maîtriser, on a eu vite fait de diviniser. Comme si c'était en séparant la fleur de sa racine — sans doute pour en mieux sentir le parfum sans avoir à se baisser — qu'on lui conserve la vie?... Comme si on ne savait pas que c'est en se penchant vers elle pour lui apprendre à se fixer au sol, mieux même, en devenant le lien qui l'attache au Principe de son être, que la pensée féconde cette beauté naissante qui a suscité sa pensée. Comme si enfin on ne savait pas que nulle relation n'est plus vraie, plus profonde et plus intime que celle qui existe entre l'églantine et ce jardinier sur le front duquel, reconnaissante de l'avoir faite rose, elle met le rayon de lumière qui enfante le génie.

(2) C'est évidemment aussi pour avoir cru *a priori* à l'indestructibilité de la matière et à l'indestructibilité de tout ce qui relève de son domaine que des hommes comme Lagrange, Laplace, Poisson, Delaunay et Tis-

duquel a dû graviter le reste de l'univers (1). Avec cette différence toutefois, et qui n'est pas petite, c'est que, si les anciens commirent une simple erreur de fait, une erreur purement *locale, relative* par conséquent (2), en faisant de la terre le pivot de notre monde, les modernes, eux, ont commis une erreur métaphysique, c'est-à-dire une erreur *absolue* en faisant de l'atome le pivot des êtres, et en plaçant — sous prétexte qu'ils ne pouvaient y atteindre avec leurs sens — l'esprit et Dieu à l'extrémité épiphénoménale d'un rayon divergent. A en juger par l'être à déplacer pour remettre sur son piédestal la vérité détrônée, on comprend alors quels sont ceux qui ont apporté à l'erreur la plus haute contribution; et il saute aux yeux de tous que le tort des anciens est au tort des modernes comme la terre est à l'infini, comme la matière est à l'idée, comme un atome serait à un amas incommensurable de globes (3). Les uns, respectueux de cette Loi

serand ont affirmé la stabilité — qui aujourd'hui semble moins certaine, pour ne pas dire plus — des astres et de leurs orbites. Eux aussi, et malgré leur génie, ils se sont fiés à une Nature qu'ils avaient eu le tort de croire sur parole. Et, comme toujours, elle les a trompés.

(1) Voyez l'Appendice III.

(2) Nous avons déjà vu (page 100) que la théorie cosmogonique des anciens était, dans son fond, parfaitement juste, et que seule une interprétation malheureuse en avait faussé la surface. Ils n'ignorèrent pas que, comme nous le dit M. A. Gaudry, en ce qui concerne les êtres vivants (note 1, page 56), et comme le pense également M. Faye pour ce qui a trait à la formation de notre système solaire (note 1, page 91), c'est, non pas au centre, mais à la périphérie, autant dire, sur des sphères concentriques, que toute organisation commence, et leur erreur, petite à coup sûr, fut seulement de croire que la.terre était le foyer du système solaire.

Et, pour les comprendre, il eût suffi de savoir distinguer entre un sens matériel, entre une formule brutalement et hâtivement rivée par l'antiquité à son ignorance, et l'idée fondamentale qui en avait été la source féconde, mais qui n'avait pas tardé à être viciée par le milieu qu'elle traversait. En gardant la racine de l'idée, on eût du moins évité les grossières erreurs dans lesquelles on est tombé.

(3) Il est d'ailleurs toujours curieux de constater que ce sont ceux-là mêmes qui sont si habiles à concentrer un débat autour d'un mot, d'une phrase ronflante, de quelques douzaines de faits, de la forme d'un crâne, d'une diversion, de la théorie à la mode, du grand homme du jour, d'un scandale isolé, parfois même créé de toutes pièces, ou

fondamentale des choses qui exige la *dissolution* du monde tangible pour monter vers la vie, ont limité l'erreur au seul domaine scientifique, les autres, au paroxysme d'une audace débridée, ont transporté, du domaine restreint où jusqu'alors elle s'était tenue, dans le domaine sans fin de l'Idée cette première faute d'un esprit trop curieux.

Or ce n'est pas là une remarque de peu d'importance car, d'un mot, elle nous donne la clef de l'antagonisme aigu qui se dresse aujourd'hui entre l'Ecole moderne et l'Ecole ancienne, c'est-à-dire, à tout prendre, entre la Science et l'Idée religieuse, entre le Positivisme et le Christianisme. Du même coup, en effet, et ce sera là notre conclusion, on comprend pourquoi, tandis que le Positivisme, pour s'être obstiné à chercher l'explication des choses dans le libre développement de ce qui frappait les sens, c'est-à-dire dans les parties de l'univers seules accessibles aux sens, et avoir admis *a priori* que la simple juxtaposition de ces parties, supposées d'emblée *éternelles*, *indissolubles* et *intangibles*, suffisait à former un tout, mais sans jamais qu'il fût question de cette demi-fusion des parties nécessaires pour former le tout, a rendu incompréhensible le monde, et a sapé par la base la loi fondamentale de l'esprit; le Christianisme, en soutenant que l'abnégation et le sacrifice *de l'être matériel*, c'est-à-dire des parties qui seules, encore une fois, entrent dans la composition de l'univers visible, est le plus sûr moyen de réaliser ses désirs, en affirmant que l'être, en soi, est fait, non pas de telle ou telle passion *exaltée* qui, divinité toujours nouvelle, *contiendrait en elle* la semence du progrès, mais de la mainmise continue de la volonté — expression de l'être total — sur les divers élans passionnels, c'est-à-dire partiels, d'une vie encore à

d'un faux pas de leurs adversaires, ou bien encore à exploiter tout un pays au bénéfice de leur parti politique — tout cela bien entendu au nom d'une Vérité ayant force de loi — qui jettent les hauts cris à la seule vue des épicycles de Ptolémée. Et pourtant, à y bien réfléchir, cela encore devait être, puisque ces cris eux-mêmes, cette pudeur si facile à se troubler, sont justement l'excentrique et bruyante diversion dont ils ont besoin pour déplacer l'axe de la vérité et la contraindre à n'être plus que le satellite de l'erreur qu'ils sont.

ses premiers pas et toujours prête à perdre l'équilibre, a seul entrevu la vérité.

Du même coup aussi on comprend comment ce mal profond de notre époque, qui, soit dans la science, soit dans la morale, est devenu peu à peu la « loi obligatoire » des choses : d'une part le triomphe de l'instinct évolutif, efflorescent et partiel, avec comme conséquence l'horreur de l'acte involutif qui, lui, implique le sacrifice de l'être partiel; d'autre part, la méconnaissance profonde de la contradiction qui existe entre la partie, c'est-à-dire entre la tendance différentielle nécessaire à la formation ultérieure du tout et l'essence même du tout, a arrêté net l'essor de l'idée.

Et alors, en face d'un esprit naissant plus préoccupé de la foule des détails d'une vie journalière, plus admirateur d'une surface dorée qu'épris d'une idéale et totale Beauté, qu'il est d'emblée tenté de nier, ses sens ne pouvant la saisir, plus apte enfin à relever une erreur de détail qu'à embrasser d'un seul coup d'œil un vaste horizon, on sait gré à la Nature de venir à son tour, soit dans l'aimant, soit dans l'être organique, soit dans l'univers tout entier, déchirer les voiles qui dissimulaient à nos regards une pareille vérité, et témoin fidèle de l'Idée qui la créa, de paraître vouloir, en nous montrant partout la contradiction posée entre le visible et l'invisible, c'est-à-dire entre les parties qui supportent l'être, et l'être en soi, confirmer, contre « la Science », la parole de celui qui osa dire : Signe de contradiction parmi vous, Je suis la Voie, la Vérité et la Vie.

APPENDICE I

LA RADIO-ACTIVITÉ

Cet opuscule était sous presse, lorsqu'un nouveau mémoire fort intéressant de M. G. Le Bon, paru dans le numéro du 17 octobre 1903 de la *Revue Scientifique*, nous est tombé sous les yeux.

Nous en détachons les passages suivants qui confirment pleinement nos vues.

« Notre précédent mémoire sur la dissociation de la matière (1) était purement expérimental. Continuant à développer des recherches poursuivies depuis plusieurs années, nous y avons résumé les expériences qui nous ont servi à prouver que le phénomène de la radio-activité, c'est-à-dire de la dissociation des atomes, d'abord supposé spécial à quelques corps exceptionnels tels que l'uranium et le radium, était, au contraire, une propriété générale de la matière et par conséquent un des phénomènes les plus répandus de la nature.

» L'aptitude des corps à se désagréger en émettant des effluves analogues aux rayons cathodiques, capables comme eux de traverser les substances matérielles et d'engendrer les rayons X, est universelle. La lumière frappant une substance quelconque, une lampe qui brûle, des réactions chimiques fort diverses, une décharge électrique, etc., provoquent l'apparition de ces effluves. Les corps dits radio-actifs, comme le radium, ne font que présenter à un haut degré un phénomène que toute matière possède à un degré quelconque.

(1) Voir *Revue Scientifique* des 8, 15 et 22 novembre 1902.

» Lorsque je formulai pour la première fois cette généralisation en l'appuyant d'expériences pourtant fort précises, elle ne frappa à peu près personne et il ne se rencontra dans le monde entier qu'un seul physicien, M. de Heen, qui en saisit la portée et prit la peine de la vérifier par de nombreuses expériences reproduites dans d'importants mémoires. Aujourd'hui cette doctrine est universellement admise, et tout récemment M. Lodge disait au Congrès de Belfast, que le difficile n'était pas de rencontrer des corps radio-actifs, mais bien des corps qui ne le soient pas à quelque degré.

» Ce fut très progressivement et à la suite d'expériences réalisées de tous côtés que la lumière a fini par se faire et que l'importance des faits que j'avais signalés a été bien comprise. Cette importance n'est plus contestée aujourd'hui, puisque la principale conséquence de toutes les recherches faites dans cette voie a été d'ébranler entièrement ce principe fondamental de la chimie: que les atomes, et par conséquent la matière, sont indestructibles. C'était un dogme qui, depuis 2.000 ans, n'avait jamais été contesté.

» Mais nos expériences et toutes celles qui en ont été la suite comportent bien d'autres conséquences, indiquées sommairement dans mon dernier mémoire, et qui vont être développées dans ce nouveau travail. En voici brièvement l'énoncé :

» Dans les effluves, toujours identiques, que tous les corps dégagent sous des influences diverses ou spontanément, nous constaterons des propriétés intermédiaires entre la matière et l'éther et par conséquent la transition entre les mondes du pondérable et de l'impondérable que la science avait profondément séparés jusqu'ici.

» Cette conséquence des faits révélés par l'expérience, ne sera pas la plus importante de celles que nous aurons à mettre en évidence....

» Hantés par le fantôme rigide des principes de la thermodynamique et persuadés qu'un système matériel isolé ne peut émettre d'autre énergie que celle qui lui a d'abord été fournie, les physiciens persistent à rechercher au dehors les sources de l'énergie manifestée pendant la radio-activité. Naturellement ils ne la trouvent pas, puisqu'elle est dans la matière elle-même et non en dehors d'elle....

» Puisque la matière, loin d'être quelque chose d'inerte, est un réservoir considérable d'éne:gie, on est amené à se demander si elle ne serait pas uniquement composée d'énergie condensée sous une forme particulière d'où résulte le poids, la forme et la fixité. La matière représenterait simplement une condensation d'énergie immense sous un très faible volume....

» Le but de ce mémoire est de mettre en évidence les trois points fondamentaux suivants, conséquences de nos expériences:

1° La matière supposée jadis indestructible s'évanouit lentement par la dissociation continuelle des atomes qui la composent.

2° Les produits de la dissociation des atomes constituen! une substance intermédiaire par ses propriétés entre les corps pondérables et l'éther impondérable, c'est-à-dire entre deux mondes profondément séparés jusqu'ici.

» *La matière jadis considérée comme inerte et ne pouvant que restituer l'énergie qui lui a d'abord été fournie est au contraire un colossal réservoir de forces qu'elle peut dépenser sans rien emprunter au dehors.*

» Que le lecteur ne se laisse pas effrayer par la hardiesse de quelques-unes des vues qu'il trouvera exposées ici. Des faits d'expériences les appuieront toujours....

» Il est assez naturel qu'on ne soit pas prophète dans son propre pays. Il suffit qu'on le soit un peu ailleurs. L'importance des résultats mis en lumière par mes recherches a été comprise assez vite à l'étranger. Des diverses études qu'elles ont provoquées, je me bornerai à reproduire trois fragments.

» Le premier est une partie du préambule dont M. Pio a fait précéder les quatre articles qu'il a consacrés à mes expériences, dans la revue anglaise *English mechanic and World of science* (1) :

(1) Numéros de janvier à avril 1903.

« Depuis six ans, Gustave Le Bon poursuit ses recherches sur
» certaines radiations qu'il appela d'abord Lumière noire. Il
» scandalisa les physiciens orthodoxes par son audacieuse
» assertion qu'il existe quelque chose qui avait été entièrement
» ignoré. Cependant ses expériences décidèrent d'autres expé-
» rimentateurs à vérifier ses assertions et beaucoup de faits
» imprévus ont été découverts. Rutherford en Amérique, Nodon
» en France, de Heen en Belgique, Lenard en Autriche, Elster
» et Geitel en Suisse sont entrés avec succès dans le sillage de
» Gustave Le Bon. Résumant aujourd'hui les expériences faites
» par lui depuis six ans, Gustave Le Bon montre qu'il a décou-
» vert une force nouvelle de la nature se manifestant dans tous
» les corps. Ses expériences jettent une vive lumière sur des
» sujets aussi mystérieux que les rayons X, la radio-activité, la
» dispersion électrique, l'action de la lumière ultra-violette, etc.
» Les livres classiques sont muets sur toutes ces choses et les
» plus éminents électriciens ne savent comment expliquer tous
» ces phénomènes. »

« Le second des articles, auxquels je viens de faire allusion
est celui publié par M. Legge dans la revue *The Academy* du
6 décembre 1902 sous ce titre : *A New form of Energy :*

« Rien n'est plus remarquable que la révolution profonde
» effectuée depuis dix ans dans les idées des savants en ce qui
» concerne la force et la matière... La théorie atomique d'après
» laquelle chaque portion de matière se composait d'atomes
» indivisibles ne pouvant se combiner qu'en proportions défi-
» nies était un article de foi scientifique. Il conduisait à des
» déclarations comme celle d'un des derniers Présidents de la
» *Chemical Society* qui assurait à ses auditeurs, dans une allo-
» cution annuelle, que l'âge des découvertes en chimie était clos,
» et que, par conséquent, il fallait se consacrer exclusivement
» à une sérieuse classification des phénomènes chimiques connus.
» Mais cette prédiction était à peine formulée que sa fausseté
» devenait évidente. Crookes découvrait la matière radiante,
» Rœngten révélait les rayons qui portent son nom, Becquerel
» la radio-activité de certains corps et maintenant Gustave Le

» Bon, dans une série de mémoires, va plus loin encore. Il nous
» montre que ces nouvelles idées ne sont pas plusieurs choses
» mais une seule chose, que les phénomènes observés sont la
» conséquence de la production d'une forme de matière toute
» spéciale ressemblant plus à la force qu'à la matière... Les
» conséquences des recherches de Gustave Le Bon seraient en
» réalité immenses. Tout l'édifice chimique serait démoli en
» bloc et on pourrait écrire un système entièrement nouveau
» dans lequel on verrait la matière passer à travers la matière
» et les éléments constituer des formes diverses de la même
» substance. Mais ceci ne serait rien encore, comparé aux résul-
» tats qui suivraient l'établissement d'un pont dans l'espace
» entre le pondérable et l'impondérable que Gustave Le Bon
» nous annonce déjà comme un des résultats de ses découvertes
» et que sir William Crookes semblait avoir pressenti dans un
» de ses discours à la *Royal Society.* »

« Je terminerai ces citations par un passage des divers articles
que M. de Heen a bien voulu consacrer à mes recherches :

« On connaît le retentissement que produisit dans le monde
» la découverte des rayons X, découverte qui fut immédia-
» tement suivie d'une autre plus modeste en apparence, aussi
» importante peut-être en réalité, celle de la lumière noire, résul-
» tat des recherches de Gustave Le Bon. Ce dernier prouva que
» les corps frappés par la lumière, les métaux notamment,
» acquièrent la faculté de produire des rayons analogues aux
» rayons X. Becquerel découvrit ensuite que l'uranium possède
» également la faculté d'émettre ces rayons d'une manière con-
» tinue. Gustave Le Bon reconnut bientôt qu'il ne s'agissait
» pas là d'un phénomène exceptionnel, mais au contraire d'un
» *ordre de phénomènes aussi répandu dans la nature que les*
» *manifestations calorifiques, électriques ou lumineuses;* thèse
» que nous avons toujours défendue également depuis cette
» époque. »

On le voit donc, les idées nouvelles de M. G. Le Bon semblent
s'être rapidement imposées; et il faut seulement regretter que
l'auteur ait cru devoir, lui aussi, apporter sa contribution à

l'erreur positiviste en blâmant les quelques physiciens qui « persistent à rechercher au dehors (c'est-à-dire dans le milieu ambiant) les sources de l'énergie manifestée pendant la radio-activité ». Nécessairement il a alors pensé que la matière constituait « *un colossal réservoir de forces qu'elle peut dépenser sans rien emprunter au dehors* »; et, contre l'évidence, il a proclamé par là la complète indépendance de l'être et de son milieu. Il a, autrement dit, supposé que pouvoir s'adapter à son milieu, c'est-à-dire pouvoir y agir ou y vivre, c'est montrer qu'on est riche de choses quand au contraire ce n'est que savoir s'en passer et consentir à s'en séparer. Et partant, il s'est, sans y songer, rangé du côté de ceux-là dont l'ignorance confond volontiers les feuilles des arbres agitées par le vent et le vent qui les secoue. Il a enfin donné raison à ceux qui ont pensé ou pensent encore aujourd'hui que la valence ou l'atomicité est « une *propriété* élémentaire de l'atome (1) », que l'œuf humain *contient* un homunculus, que « la pensée est inhérente à la substance cérébrale », ou que l'objet tangible de nos amours *contient* en lui — et sans qu'il ait besoin d'aller à certaines heures puiser au dehors l'amour qu'il nous donnera — l'infini bonheur. Et pour tout dire d'un mot, il a, en prenant pour quantité négligeable cette sorte d'oxygène universel qu'on a appelé l'éther, remis du même coup sur

---

(1) Dans son ouvrage : *Le mixte et la combinaison chimique*, M. P. Duhem, le distingué professeur de la Faculté des sciences de Bordeaux, s'élève très fortement contre cette manière de voir. Voici ce qu'il dit à ce sujet (p. 150 et 151) : « Le nombre de valences que possède un élément dans une combinaison donnée est un nombre bien défini. Mais il ne faut pas en conclure que le nombre des valences d'un élément soit un nombre entièrement déterminé, d'une manière absolue, *abstraction faite de la combinaison dans laquelle cet élément est engagé...* Le nombre des valences d'un élément peut varier selon que cet élément fait partie d'une combinaison ou d'une autre... Cette variation du nombre des valences d'un élément avec la combinaison dans laquelle il se trouve engagé est donc un fait indéniable. Elle n'est pas sans embarrasser quelque peu les chimistes qui veulent envisager la valence ou l'atomicité comme une *propriété élémentaire* de l'atome. »

le tapis, la vieille querelle des tenants du phlogistique et des disciples de Lavoisier (1).

Mais, en terminant, citons encore un article publié par *Contemporary Review*, dans lequel l'auteur, M. Frédérick Loddy de l'Université Mac-Gill, expose « une nouvelle théorie de la radio-activité ».

« M. Loddy pense que le thorium X radioactif, contenu dans

(1) C'est un fait curieux que toute première tentative d'explication du monde ou d'un phénomène quelconque a toujours consisté à chercher dans ce monde ou dans ce phénomène la cause de son activité.

De là en effet les vertus, les qualités dormitives, digestives ou curatives, si en vogue au XVIIIe siècle, et dont la raison d'être, sourde et inconsciente, est, à tout prendre, de même nature que celle qui, de nos jours, a donné naissance à la célèbre théorie de l'immanence (qualité, dit le dictionnaire de Littré, de ce qui est existant à l'intérieur même des êtres); de là aussi cette affirmation qui résume fort bien les tendances modernes *(Revue philosophique*, février 1904. *L'évolution comme principe philosophique)* : Le caractère essentiel des lois de la nature dans la conception scientifique, c'est-à-dire mécanique du monde, est leur immanence »; de là cette propension du positiviste, si à la mode de nos jours, à écorcer jusqu'au bout le phénomène ou l'atome qu'il a devant les yeux, et au centre duquel il espère bien découvrir la cause et le principe des opérations externes : propension de même ordre d'ailleurs que ce besoin de l'enfant qui, confondant l'action motrice et la cause, ouvre le ventre de son polichinelle « pour voir la petite bête *qui est dedans* et qui le fait mouvoir »; de là également ce système qui tend de plus en plus à prévaloir aujourd'hui, et qui veut que la vérité fasse corps, *soit pleinement adéquate* à quelques phrases savamment découpées d'un contexte que prudemment on tient dans la pénombre, ou à quelques faits saillants habilement surélevés au-dessus de l'ensemble, et qui, mis en pleine lumière, deviennent matière à interprétations plus ou moins subversibles; de là cette croyance populaire que la fleur *contient* en soi la couleur que pourtant elle ne revêt que justement parce qu'elle refuse de la faire sienne et de l'absorber; de là la théorie cinétique de la matière dont l'axiome fondamental est que « le mouvement est *chose inhérente* à la matière » et, par extension, que « la pensée est *inhérente* à la substance cérébrale comme la contractilité au muscle »; de là également cette thèse devenue à notre époque un lieu commun dans un certain milieu, que « les éléments matériels dont est composé notre organisme *contiennent* les éléments de la connaissance, et que chaque atome *possède* un élément de conscience atomique »; de là cette hypothèse que si l'eau manifeste certaines propriétés, c'est donc que les éléments qui entrent dans sa composition *possèdent* eux-mêmes ces propriétés, ce qui est en pleine contradiction avec les faits, lesquels nous montrent au contraire que les propriétés des éléments constitutifs du tout sont la négation des propriétés de ce

le thorium ordinaire, et qui peut en être séparé en précipitant
le thorium inactif par l'ammoniaque, est un premier produit
de décomposition des atomes instables de thorium ; que les
émanations radioactives transmises par le thorium X aux
gaz neutres, tels que l'hydrogène et l'azote, et condensées par
un abaissement de température à —130° C., représentent un
point plus avancé de la réduction atomique ; en dernier lieu,

tout et réciproquement; de là cette naïveté des anciens qui voyaient
dans tout objet de la nature un être animé, c'est-à-dire un être qui était
à lui-même sa cause et son moteur, ou qui se figuraient que la grandeur
apparente des objets *appartenait* en propre à l'objet perçu, ce qui leur
fit donner à la lune les dimensions d'un tambour de basque; de là
encore cette difficulté de comprendre que, si la lumière demeure en soi
invisible, ce n'est pourtant pas la particule solide de la photosphère
solaire, seule adorée par tant de gens, qui *contient* la lumière, dont elle
a besoin pour devenir incandescente et lumineuse; de là cette pente,
si prononcée aujourd'hui, vers le phénomène palpable qui, s'il est nécessaire à l'élaboration d'un esprit naissant, ne peut cependant que l'éloigner de plus en plus de la source des choses, ce phénomène palpable
n'étant lui-même que la négation, que l'ombre de la source qui l'a
enfanté; de là les nouvelles doctrines de certains pédagogues qui, ma-
térialistes inconscients, ne voient dans le drapeau qu' « un morceau
d'étoffe prétentieux »; de là encore cette prétendue découverte qui est
le plus clair des œuvres d'un Hegel ou d'un Renan, que si le *devenir*
des choses a constamment tendu vers le progrès au cours des âges
géologiques, c'est que l'essence des choses *implique* une ascension
continue de l'être, et que l'être tangible, la chose qui occupe
le bas de l'échelle *possède* une vertu perfectible latente, capable, en
s'unissant à d'autres êtres situés au même niveau, de le conduire à
l'être supérieur : ce qui, transporté dans un domaine plus compréhensible, équivaut à soutenir que, si les gouttes d'eau soumises à l'évaporation s'élèvent au-dessus du sol, c'est que chacune d'elles *possède*
en propre une vertu élévatoire, autrement dit a des ailes, chose absurde
s'il en fût, puisque, si les gouttes d'eau s'élèvent au-dessus du sol ce
n'est que parce qu'elles se laissent pénétrer par un agent *extérieur* à
elles, la chaleur; et de là enfin cette indéracinable tendance du cœur
humain à placer dans la partie *tangible* de l'objet de son amour un
bonheur qui le fuit dans la mesure même des adorations qu'il lui prodigue, et cela justement parce que cet objet tangible n'est, en tant
qu'objet tangible, c'est-à-dire en tant qu'il refuse de s'effacer et de se
vider de lui-même pour devenir le tabernacle d'une Vie et d'une Beauté
qui ne lui vient que de l'extérieur, en tant en un mot qu'il exalte les
sens en s'isolant de l'Idée et en s'affirmant ainsi l'être impudique que,
livré à lui-même, nécessairement il est, que la négation de la félicité
promise.

il émet l'hypothèse que l'hélium, élément invariable des métaux radioactifs, est peut-être le dernier produit, et le seul stable des atomes du thorium. D'après cette théorie, qu'auront peine à accepter les chimistes, habitués à croire en la conservation de la matière et en l'immutabilité de ses éléments, l'énergie du radium proviendrait d'une proportion impondérable de ses atomes, qui seraient presque explosifs. »

Cette conception de la matière, considérée non plus comme éternelle et nécessaire mais comme sujette à la destruction, est enfin celle qu'a toujours soutenue M. Williams Crookes, et sur laquelle tout dernièrement encore il insistait à nouveau lorsque, après avoir rappelé que, à son sens, « la matière n'est qu'un mode du mouvement et un agrégat *du nuage informe* », il ajoutait : « Cette propriété *fatale* de la dissociation atomique nous apparaît comme universelle et agit toutes les fois que nous frottons un morceau de verre avec de la soie; elle poursuit son travail dans la lumière du soleil comme dans la goutte d'eau, dans les éclats de la foudre et dans la flamme; elle règne au milieu des cataractes et des mers déchaînées, et bien que l'étendue de l'expérience humaine soit bien trop courte pour nous fournir une parallaxe qui nous permette de calculer la date de l'extinction de la matière, la protyle, le *nuage* informe peut, une fois de plus, régner en maître, et l'aiguille de l'éternité aura achevé une de ses révolutions. » (*Les théories modernes sur la matière.* Conférence faite par Sir William Crookes au Congrès de Chimie appliquée, à Berlin, le 5 juin 1903).

APPENDICE II

—

LE TRANSFORMISME

—

Nous n'avons nullement la prétention de donner ici une théorie complète de ce que l'on a appelé, si improprement d'ailleurs, *l'Evolution* des êtres organisés, et nous voulons seulement insister sur ce point, que tous les êtres apparus en premier lieu ont constitué une sorte de carapace extérieure pour les êtres venus ensuite.

Et alors il est évident qu'un double résultat a dû se produire.

Les êtres apparus tout d'abord ont, par leur seule présence et par le seul jeu de leur activité, — nécessairement analytique à ce premier âge des choses — transformé le milieu ambiant et l'ont rendu bientôt impropre au libre développement d'êtres nouveaux *identiques à eux (Voyez la note 2 de la page 84).* En d'autres termes, ils ont déterminé un commencement d'auto-intoxication du plasma, c'est-à-dire de l'œuf dont ils étaient eux-mêmes sortis.

Ils ont, si l'on préfère, pesé sur le plasma-souche dont ils étaient sortis et l'ont contraint à se replier sur lui-même.

Mais, d'autre part, le plasma se heurtant de ce côté à un obstacle extérieur invincible, et ne trouvant plus, dans la direction dans laquelle il s'était tout d'abord élancé, le débouché nécessaire à son activité, a, après un recul de cette activité — sorte de lassitude organique momentanée essentiellement d'ailleurs favorable à la nutrition, — *acquis* de ce fait une nouvelle force vitale. Il a alors cherché une nouvelle voie de dégagement, et a donné naissance à un être nouveau. Mais, à son tour, cet être nouveau a bientôt, à force de se multiplier, pesé sur sa souche, et il l'a finalement contrainte à prendre un mouvement tourbillonnaire, qui, tout en lui permettant une première rupture d'équilibre nécessaire à tout mouvement en avant, c'est-à-dire indispensable pour qu'elle garde trace des organes *monstrueusement développés* chez les êtres nés primitivement d'elle et désormais autonomes, l'a poussée, *malgré elle*, vers l'être synthétique.

Et voici alors quelle a été la progression de l'activité vitale du plasma vivant (fig. 1) :

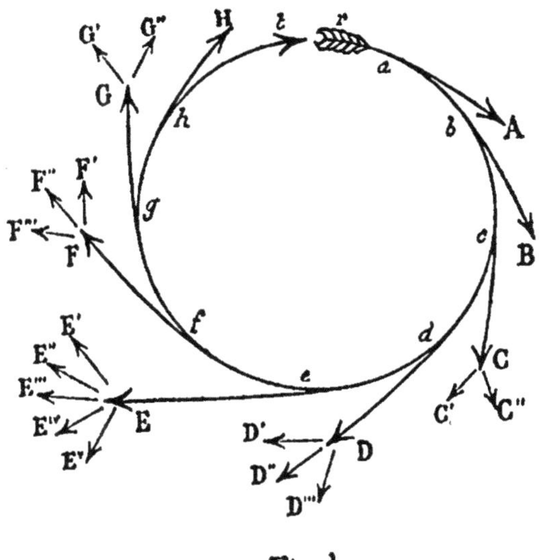

Fig. 1

La racine *r*, c'est-à-dire la souche originelle des êtres vivants, a enfanté la série A. La série A a, à son tour, *pesé* sur sa racine, a diminué la force centrifuge du tourbillon initial, et a déterminé l'apparition d'un dernier être *a* de la même série, qui — sorte de parasite plus ou moins analogue aux êtres de la série A, — est demeuré fixé au plasma souche, et l'a enrichi d'un organe nouveau ou plus exactement d'une tendance nouvelle; cela pendant que la tendance centrifuge *r* A a été contrainte par la série A de prendre la direction *a* B.

Ou, pour présenter les choses sous un autre jour, un premier œuf *comprimé* par les êtres issus de lui, a vu sa force centrifuge diminuer, et, substance plus plastique, sorte de vide relatif, il a attiré à lui, pour s'en nourrir (1), les êtres différenciés, les satellites qu'il venait d'enfanter. Et de même que les feuilles de l'arbre — sauf pourtant celles qui sont emportées par le vent — viennent, après s'être détachées du tronc qui les a produites, former l'humus qui apportera une nouvelle vitalité à l'arbre, de même les êtres issus du plasma sont devenus sa nourriture; avec cette différence pourtant que, cellules elles-mêmes vivantes, non seulement elles ne se sont pas laissées anéantir *entièrement* par la substance plus plastique, plus profondément vivante qui se les assimilait, mais que, se nourrissant à ses dépens, elles ont développé en elle la différenciation la tendance différentielle plutôt — germe d'un organe nouve... — qu'elles avaient acquises à l'extérieur. En un mot le parasitisme a été à la base même des divers organes qui constituent l'être organisé, et ce n'a été nullement parce qu'elles y tendaient naturellement que deux cellules ont enfanté une vie supérieure (2), mais bien parce qu'elles cherchaient à se détruire réciproquement et à s'entre-dévorer.

La vie, encore à ses premiers pas, a donc, elle aussi, suivi la loi de tout ce qui commence, et elle s'est manifestée par une action centrifuge qui tout d'abord est allée s'accroissant de plus en plus. Après chaque période de compression, elle a engendré de nouveaux êtres B, C, C¹, C¹¹, etc., dont les proportions et la complexion — complexion qui ressort de ce fait que l'être nouveau s'est trouvé posséder tous les organes qui étaient déjà en

---

(1) Ici une remarque importante. On croyait autrefois que les premiers êtres vivants, les êtres qui occupent les derniers degrés de l'échelle animale, se nourrissent de végétaux. C'est une erreur ; on sait aujourd'hui que les cellules animales se dévorent entre elles. Et ceci confirme pleinement notre manière de voir.

(2) Nous avons vu à la page 10, deuxième paragraphe, et aussi à la note 1 de la page 11, que la même loi régissait le monde inorganique.

puissance à cette époque dans le plasma-souche — ont constamment augmenté, en même temps que les tendances correspondantes du même plasma-souche prenaient elles-mêmes plus d'importance. En d'autres termes, la poussée centrifuge n'a fait que 'croître toujours davantage; et cela jusqu'à ce que, la vitalité du plasma-souche s'affirmant elle-même de plus en plus à mesure que les êtres satellitaires issus de lui l'obligeaient à se synthétiser, l'énergie centripète caractéristique d'une vie supérieure ait pu, malgré les tendances propres au plasma-souche(1), se substituer à l'énergie centrifuge du début qui, après avoir passé par un maximum E, a. alors été constamment en déclinant (2).

(1) Encore une fois si la vie se perfectionnait dans le plasma-souche, ce n'était nullement parce qu'il tendait lui-même vers une vie supérieure — comment d'ailleurs aurait-il pu y tendre, comment aurait-il pu la désirer puisqu'il n'en avait pas l'idée? — mais parce que, ses tendances centrifuges étant à tout moment enrayées par les êtres sortis de son sein, il était à tout moment aussi contraint de chercher une nouvelle voie de dégagement, et par là même de se synthétiser.

Et, à ce sujet, il n'est pas sans intérêt de remarquer que cette vérité transportée dans le domaine moral reviendrait à dire, que si un être, qui — peut-être au nom du progrès mais en définitive pour satisfaire un besoin d'expansion naturelle, c'est-à-dire un pur instinct, un pur appétit matériel — ne songe qu'à disperser au dehors son activité, s'épuise purement et simplement, l'être capable de progrès doit porter dans son sein le satellite, l'obstacle qui, après avoir été rejeté par lui au dehors, deviendra l'abri, digue de sable ou carapace qu· atténuera sa force centrifuge et derrière lequel il se fortifiera, s'approfondira et accroîtra sa vitalité. Et cela jusqu'à ce qu'il ait acquis une maîtrise suffisante sur lui-même pour n'avoir plus besoin de garde-fou extérieur. Il pourra alors, mais seulement alors, rejeter tout vêtement et, sans courir le risque de se désagréger sous les coups d'une passion centrifuge essentiellement brutale, émanciper son être.

C'est dire que, si par l'obéissance il va à la vie et à la liberté, il ira fatalement par l'indépendance à la ruine et à la servitude. Et comme la passion est une manifestation *partielle* de l'activité générale de l'être, c'est dire aussi que la partie libérée aura asservi l'être qui se fût libéré en asservissant la partie. (Voyez la note 1 de la page 99.)

(2) Il suit de là qu'il existera, soit vers le milieu de l'être s'il est question d'ontogénie, soit vers le milieu des âges géologiques, s'il s'agit de phylogénie, un organe ou un être autonome à tendances nettement centrifuges et tel que l'organe *c* ou la série d'êtres autonomes *E* (fig. 1), sera plus développé ou plus massif que tous les autres organes ou tous les autres êtres. Cet organe ou cet être dont les allures

Mais plus tard le plasma-souche, tout en continuant à produire, aux divers moments de son existence, des êtres autonomes de plus en plus parfaits, a vu sa force centrifuge disparaître presque entièrement, son squelette d'abord extérieur lui est devenu intérieur, et son activité synthétique, à l'abri désormais d'une auto-intoxication, lot nécessaire et terme final de toute activité *partielle*, a pu, après avoir passé, sans perdre l'équilibre, le point critique défini par la tangente e E, se développer en toute liberté.

En résumé donc, la vie du plasma-souche a passé par deux phases entièrement distinctes. Dans la première, elle s'est accrue malgré elle et uniquement *grâce aux obstacles extérieurs qui s'opposaient à ses tendances centrifuges* : obstacles dont elle s'est nourrie en même temps qu'elle se voyait contrainte par eux de mettre un terme à son élan tangentiel. Dans la seconde, elle a trouvé de plus en plus *en elle* l'énergie nécessaire pour résorber la poussée centrifuge de ses divers organes et, après avoir atteint son aphélie, elle s'est rapprochée à nouveau de son foyer.

Enrayé, résorbé dans sa tendance du moment — et non pas *exalté* comme le veulent toutes les théories transformistes — le plasma a donc, après chacune de ses floraisons, traversé une période de repos — d'obscurantisme, diraient nos modernes, puisque, pour eux, seuls existent soit l'être différencié dont les

centrifuges seront très prononcées pourra du reste se scinder à son tour en de nouveaux êtres E^{I}, E^{II}, E^{III}, E^{IV}, E^{V}, qui lui succéderont mais seront toujours plus simples que lui.

Or tout donne à croire que c'est sous l'influence d'une tendance centrifuge encore considérable que, d'une part, les quadrupèdes, dont le bassin est la partie la plus développée, surtout chez les reptiles du secondaire, ont été courbés à mi-corps et n'ont pu prendre la station verticale ; de l'autre, que la faune du secondaire (représentée sur la figure 1 par la série E) a revêtu ces formes gigantesques qui paraissent s'être ensuite scindées à nouveau en des êtres également autonomes E^{I}, E^{II}, etc., mais plus différenciés que leurs devanciers.

Et il n'est pas jusqu'aux dimensions inusitées de la queue des reptiles du secondaire, organe centrifuge par excellence, qui ne vienne confirmer une telle hypothèse : hypothèse vérifiée d'autre part par ce fait que, après un premier développement dû à la même force centrifuge tout d'abord prédominante chez l'embryon, la queue, soit du têtard devenu grenouille, soit de l'embryon humain, se résorbe peu à peu.

débris fossilisés ont laissé quelques traces, soit le torrent qui *bruyamment* reporte à l'abîme un potentiel *silencieusement* acquis, soit la génération qui non seulement ne sait que dépenser en floraison saisissable aux sens l'esprit péniblement amassé par la génération précédente, mais se plaît encore à insulter, sous pretexte qu'elle est invisible, à cette longue gestation maternelle sans laquelle pourtant elle ne serait pas (1); — puis, après cette phase de recueillement, il a produit des êtres nouveaux plus complexes que tous leurs devanciers.

En un mot, la vie organique a pris naissance sur une sorte de sphère, et tandis qu'elle jetait vers l'extérieur des êtres qui, sorte de membres épars, allaient, faute d'un lien assez fort, devenir autonomes, se simplifier, se différencier toujours davantage et se diviser à leurs extrémités (2), elle s'avançait elle-même silencieusement vers l'intérieur où, cellule imperceptible et non différenciée, elle allait prendre enfin possession de soi-même et enfanter son dernier-né. Et tandis que l'être organique, l'être en possession d'organes différenciés qui le rendaient apte à se mouvoir, allait *dépenser*, pour vivre, l'énergie accumulée dans

(1) C'est peut-être là ce qui met le mieux en valeur la contradiction fondamentale sur laquelle repose le système transformiste. Il a fallu des milliards de siècles pour que l'hipparion devienne cheval, mais l'esprit est né tout seul un beau matin; et *d'emblée*, nous dit-on, il a atteint son apogée. L'âge de l'esprit s'est ainsi, par un saut gigantesque, substitué *tout d'un coup* à l'âge des ténèbres et de l'obscurantisme. Et tel est justement, nous affirment les « princes de la science », et avec eux tout le positivisme contemporain, la grande découverte des temps modernes ! Cette contradiction était d'ailleurs inévitable, puisque cela seul ayant, pour eux, de l'être qui est tangible pour les sens et vient s'épanouir au gai soleil des choses, il fallait bien que tout ce qui ne s'exprime pas encore en des œuvres tangibles fût *a priori* déclaré ne pas exister. Claude Bernard, lui, affirmait que c'est là une pure illusion.

(2) Il suffit de jeter un coup d'œil sur un organisme plus élevé dans l'échelle des êtres, sur le corps humain, par exemple, pour voir que cette même tendance, mais moins accentuée, mieux maîtrisée par une force centripète devenue plus puissante, a présidé à sa formation. Il y a chez lui une tendance manifeste à se diviser à ses extrémités. Et par là du moins il reproduit, sous une forme accessible à tous, le procédé de toute cellule-mère dont la prolifération native n'arrive à ses fins qu'en engendrant des cellules qui vont se différenciant, se divisant d'autant plus qu'elles s'éloignent davantage de leur origine.

le plasma, dans l'œuf amorphe dont il était sorti, le plasma, « le limon de la terre » et le seul domaine de la *pensée* créatrice, allait monter vers une vie de plus en plus haute (1).

En résumé donc la vie s'est partagée en deux portions absolument distinctes et profondément inégales. D'une part on a eu une série d'êtres analytiques A, B, C, C^i, C^{ii}, D, D^i, D^{ii}, D^{iii}, E, E^i, E^{ii}, E^{iii}, E^{iv}, E^v, F, F^i, F^{ii}, F^{iii}, G, G^i, G^{ii}, H, qui ont servi d'abri à l'être central et ont été sa carapace; de l'autre s'est peu à peu formé un être synthétique *r, a, b, c, d, e, f, g, h,* qui, jusqu'à la dernière heure, est demeuré invisible, *dissimulé* qu'il était sous le flot tumultueux d'organismes *en pleine activité* (2). Et de même que, dans les reboisements, on commence par planter des essences vivaces mais sans durée, sous le couvert desquelles des essences plus durables s'enracineront au sol, de même l'être plus élevé dans l'échelle des êtres est né sous l'abri d'êtres apparus avant lui, et dont la vitalité *rapide* mais *éphémère* a bientôt disparu.

(1) Une chose aussi à noter c'est que si le dernier être analytique qui allait contenir en lui toutes les tendances, toutes les propriétés vitales des êtres qui l'avaient précédé s'est trouvé tout voisin de l'être synthétique qui n'avait plus qu'un pas à faire pour que le cycle vital complet fût enfin fermé, il n'en reste pas moins vrai qu'il est demeuré d'une tout autre nature. Et, pour prendre un exemple bien simple, c'est ainsi qu'une circonférence ouverte, qui n'est qu'une simple *ligne* courbe aussi longtemps qu'elle ne se ferme pas, devient un cercle, c'est-à-dire une *surface* en se fermant.

(2) C'est d'ailleurs là la raison pour laquelle, hypnotisés par cette bruyante surface dont ils se sont obstinés à suivre les contours extérieurs A, B, C, C^i, C^{ii}, D, etc. — d'où la substitution de la causalité à une simple succession, — les transformistes ont tout naturellement pensé que A avait enfanté B, lequel aurait enfanté C, et ainsi de suite jusqu'à l'infini. Se trouvant en face d'un être tangible *bien apparent,* qui, d'une part, avait précédé dans le temps un autre être tangible, d'autre part, avait certains points communs avec lui, ils en ont conclu que le second était fils du premier, et ainsi de suite jusqu'à l'infini. Puisque, ont-ils pensé, lorsqu'on étale sur un écran le spectre solaire, il se trouve que chaque nuance a de grands rapports avec la nuance voisine, c'est donc que l'une est mère, l'autre fille, ou encore, puisque, en étirant indéfiniment un cercle on passe à l'ellipse puis à la parabole, c'est donc que la parabole est fille de l'ellipse, laquelle est elle-même fille du cercle, ou enfin, puisque, quand on accroît indéfiniment le nombre des côtés d'un polygone inscrit, le polygone devient un cercle, c'est donc que le cercle est fils du polygone, l'infini fils du fini... Et, allez donc ! L'esprit humain était enfin né, et le transformisme était sorti de ses langes ! ! !

Quant à ces organismes superficiels tombés dans le déterminisme des choses apparentes, non seulement ils n'ont pas été la
souche des êtres futurs, non seulement ils n'ont pas été le lieu de
la vie, mais à force de se simplifier et de s'affirmer dans un sens
donné, à force de perdre l'équilibre suivant leur ligne de plus
grande pente, à force enfin de ne songer qu'à satisfaire leur
instinct prédominant — et cela ils l'ont fait nécessairement
d'autant plus qu'étant plus près de l'intelligence il ont mieux
su éviter les obstacles extérieurs qui les empêchaient d'atteindre
ce but, — ils ont fini par périr pour cette raison très simple et
pourtant si méconnue, que la vie est une activité *synthétique*
qui ne se conserve qu'autant qu'un organe ou une différenciation
quelconque ne prend pas définitivement le pas sur tous les
autres.

On comprend en effet que si, dans un cycle vital tel que *r, e, t*
(fig. 2), fait lui-même de la fusion sans cesse renouvelée d'un
certain nombre d'organes *a, b, c, d,* un organe, l'organe *a* par

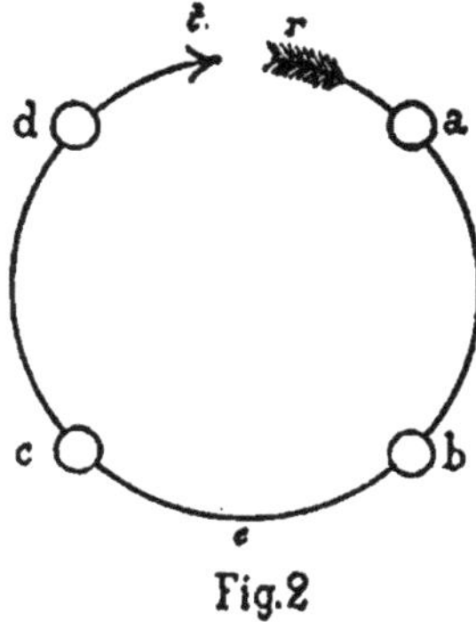

Fig.2

exemple, prend le pas sur les autres, tous ces autres organes
vont s'atrophier, et la composition *essentiellement synthétique*
du cycle vital va du même coup s'appauvrir. Il est du reste trop
clair que l'organe qui sera devenu plus fort que les autres ne
possédera par lui-même aucune énergie capable de mettre un
frein à son égoïsme organique.

Au moment donc, où soit l'organe *a*, soit l'être A (fig. 1) vont atteindre leur apogée, pour avoir voulu progresser trop vite et indépendamment des autres organes ou des autres êtres, ils vont se trouver être un organe ou un être sans vie, et brusquement ils vont s'effondrer sur leur base.

Et de là cette longue théorie d'espèces aujourd'hui disparues et qui se sont éteintes à l'heure même ou tel organe de leur être ayant accaparé toute leur vitalité, elles semblaient être parvenues au faîte de leur puissance (1). De là aussi le retour au règne inorganique de la cellule vivante trop différenciée; de là l'effondrement du tyran ou de la secte dont la folie du pouvoir et le délire de la force sont toujours les immédiats et nécessaires précurseurs. De là enfin l'échafaud qui, lentement, se dressait en face de la monarchie française devenue absolue ou la chute d'un Napoléon.

Et si les évolutionistes contemporains — dont le nom seul du reste suffit à indiquer les tendances centrifuges — n'ont pas compris cette vérité, si — peut-être parce que leur pensée affaiblie s'arrêtait trop volontiers aux contours extérieurs de l'être capable d'enfanter, — ils ont, négligeant un travail intérieur qui s'effectuait à l'abri de leurs superficiels regards, cherché uniquement du côté de l'être déjà différencié et bruyant, la source de la vie, c'est parce que, impuissants eux-mêmes à s'arracher à un déjà vu ou à un déjà connu, qui, en captant toute leur pensée, n'allait du reste pas tarder à devenir immoral, ils n'ont pas même songé à laisser là des choses déjà épuisées pour venir demander à la puissance *inventive* de l'Idée créatrice une nouvelle fécondité. Ne pouvant plus alors que dévaler avec une énergie centrifuge qui allait se différenciant et se scindant sans cesse en de nouveaux rameaux, ils ont — esprits désormais fermés à tout aspect inédit de la réalité — prêté leur impuissance à la nature, et à l'heure même où ils dénonçaient l'anthropomorphisme comme l'écueil le plus redoutable de la science, ils ont, dans l'enfan-

(1) A l'appui de cette thèse nous avons apporté à l'Appendice III — qui formera ainsi comme le deuxième chapitre du présent Appendice — un certain nombre de faits capables, croyons-nous, d'entraîner l'adhésion.

tement suprême d'un orgueil déifié, conçu le monde à leur image et à leur ressemblance.

Et à cette lueur tout s'éclaire, car si le savant et l'humilité se saluent chapeau bas, personne n'ignore que, aujourd'hui plus qu'à aucune autre époque, ils ne se parlent jamais. Il était dès lors fatal que le savant conçoive le monde à son image, qu'il érige en principe la genèse de sa propre pensée, et que, aimant à s'affirmer lui-même, il ait cherché dans l'affirmation, évidente pour les sens, du processus des choses ce processus lui-même. C'est là, croyons-nous, la méthode même, aussi bien du positivisme que du transformisme, mais c'est là aussi le summum de l'absurde, car, à force de faire parler toutes choses dans la nature, il était évident qu'on allait finir par n'y plus rien comprendre et par ne plus s'entendre.

Concluons donc que la fécondité, la vérité fécondante, la vie en un mot, n'est pas dans ce qui s'affirme, mais que, riche de choses dans la mesure même où elle se cache, elle est dans ce qui ne s'affirme pas.

Quant à ce qui s'affirme, il est uniquement la *preuve* que quelque chose qui ne s'affirme pas existe (1). Il est à la vérité

(1) « Nous sommes ici, dit très justement Claude Bernard, victimes d'une illusion habituelle, et quand nous voulons désigner les phénomènes de la *vie*, nous indiquons en réalité des phénomènes de *mort*.

» Nous ne sommes pas frappés par les phénomènes de la vie. La synthèse organisatrice reste intérieure, silencieuse, cachée dans son expression phénoménale, rassemblant sans bruit les matériaux qui seront dépensés. Nous ne voyons point directement ces phénomènes d'organisation. Seul l'histologiste, l'embryogéniste, en suivant le développement de l'élément ou de l'être vivant, saisit des changements, des phases qui lui révèlent ce travail sourd : c'est ici un dépôt de matière, là une formation d'enveloppe ou de noyau, là une division ou une multiplication, une rénovation.

» Au contraire, les phénomènes de destruction ou de mort vitale, sont ceux qui nous sautent aux yeux et par lesquels nous sommes amenés à caractériser la vie. Les signes en sont évidents, éclatants : quand le mouvement se produit, qu'un muscle se contracte, quand la volonté et la sensibilité se manifestent, quand la pensée s'exerce, quand la glande sécrète, la substance du muscle, des nerfs, du cerveau, du tissu glandulaire se désorganise, se détruit et se consume. De sorte que toute manifestation d'un phénomène dans l'être vivant est nécessairement liée à une destruction organique; et c'est ce que j'ai voulu exprimer lorsque, sous une forme paradoxale, j'ai dit ailleurs : *la vie c'est la mort.* » (Leçons sur les phénomènes de la vie, t. I, pp. 40 et 41.)

ce que sont les feuilles, les poils, les plumes ou la peau à l'être vivant, c'est-à-dire quelque chose que seule nous voyons et qui prouve la vie, mais qui est le contraire de la vie, et par.conséquent n'est pas la vie. Il est encore, si l'on veut, à la vérité ce qu'est l'argent à la richesse : non pas la richesse comme le croit le commun, mais la preuve palpable d'une impalpable richesse; ou encore ce que sont les ouvrières de la ruche à la reine, seule source de la vie dans le monde actif mais stérile qu'elle gouverne.

Ouvrier d'un jour, l'être en vue qui s'agite, et qui, comme s'il avait à cœur d'accaparer à son profit l'attention du passant, semble prendre plaisir à river à lui notre pensée, sans doute pour la jeter au tombeau avec lui, passe, tandis que la vie, hôte et source invisible de cet être visible, demeure.

Concluons aussi qu'un antagonisme irréductible demeure à la base de tout être comme de toute réalité : d'une part une puissance fécondante, principe d'unité et de vie, qui se tient elle-même à l'écart d'un déterminisme bruyant et superficiel, et qui, tout en semblant n'être rien, est tout; de l'autre une fourmilière d'êtres, atomes, cellules, organes ou êtres autonomes qui *a priori* paraissent être la clef de voûte de l'édifice, mais qui n'en sont pas moins aussi impuissants à transmettre la vie que les feuilles de l'arbre le sont à sécréter le fruit qui se formera sous leur abri et qui seul portera la graine.

Concluons enfin que le positivisme, en s'obstinant à confondre l'utilitarisme, c'est-à-dire ce qui tombe et se prolonge dans le domaine des faits, et la fécondité ou la source du progrès, n'a fait que suivre ce que, en sociologie, on a appelé la politique du résultat immédiat, et qu'en définitive toute son œuvre a consisté à vernir d'un concept superficiel une foule d'êtres que, comme ces crabes jetés sur le rivage par le flux de l'océan, il a suffi de toucher pour qu'ils s'évanouissent et tombent en poussière.

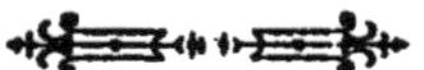

LES ÉPICYCLES DU DARWINISME ET DU TRANSFORMISME CONTEMPORAIN

Ce que « la Science » a fait pour le monde cosmique, elle l'a également fait tant à l'égard des êtres vivants que de la sociologie. Profondément imbue des théories darwinistes, elle a constamment pris pour souche de l'être, l'être le plus fort, le plus apte, le plus en vue de l'époque étudiée, sans même se douter que justement parce que cet être était le plus apte *à une heure donnée*, il allait bientôt céder la place à celui qui plus faible avait, bon gré mal gré, été contraint de mettre une sourdine à sa tendance prépondérante, se réservant ainsi, *malgré lui* (1), pour des destinées plus hautes. Et cela pour cette raison très simple que, pour triompher, pour être soit plus fort, soit plus rusé, soit plus agile, l'être doit porter toute son activité d'un seul côté, ce qui fatalement *détermine une atrophie plus ou moins complète de certains autres organes également néces- saires à la vie.*

(1) C'est en cela que l'être capable de volonté se différencie de l'être purement organique. Le second ne peut progresser ou accroître sa vitalité que *malgré lui* et seulement autant qu'il se heurte à un obstacle extérieur qui enraye sa tendance prépondérante, autant par conséquent qu'une carapace solide l'enveloppe de toutes parts, opposant ainsi une barrière infranchissable à la force centrifuge de son être. Le premier trouve au contraire en lui la force de résister à l'impulsion du moment et, par une sorte d'attraction intérieure, ramène constamment vers son foyer l'organe qui tend à s'en éloigner outre mesure. Aussi son être moral peut-il, comme son être organique — à condition qu'il ait com- mencé par s'incorporer la Loi de l'Esprit — entrer en pleine possession de sa Liberté et développer *alternativement* soit chacun de ses organes, soit chacune de ses facultés.

Et par là on voit que ce ne sera jamais, comme le veut le darwinisme (1), le plus apte, le plus fort, qui l'emportera dans la lutte pour la vie, mais bien celui qui, à cette époque-là, était le plus faible, le moins apte et le plus incapable de satisfaire, dans le champ clos des appétits ouverts, son appétit prédominant. Le darwinisme, père plus ou moins avoué de toutes les théories évolutionistes qui ont cours aujourd'hui, est donc exactement l'envers de la vérité.

Mais prenons, pour le montrer, quelques citations.

« Ce qui ressort surtout des études de détail auxquelles je viens de me livrer, dit M. A. Gaudry, c'est la mobilité des êtres dont j'ai tâché de suivre la trace à travers les temps géologiques. Toutes les créatures ont été éphémères, et celles qui l'ont été davantage sont souvent celles-là mêmes qui ont été les plus puissantes » (2). Et ailleurs : « Il ressort de ce que nous venons de dire qu'il y a eu de grandes inégalités dans le développement des êtres des temps anciens. Ces inégalités ne confirment pas l'idée d'une lutte pour la vie, dans laquelle la victoire serait restée aux plus forts, aux mieux doués. La paléontologie nous montre que le contraire a pu avoir lieu. Plusieurs êtres ont été comme des rois de passage; ils sont devenus des personnalités saillantes, qui ont donné à leur époque une physionomie propre; de même qu'on dit le siècle de Charlemagne, le siècle de Louis XIV, on peut dire l'âge de *Paradoxides*, l'âge de *Slimonia*, l'âge de *Megalichthys*... Ce sont quelquefois les êtres qui ont été les plus spécialisés et les plus parfaits dans leur genre qui se sont éteints le plus vite. *Paradoxides* du cambrien, *Slimona* du silurien, *Pterichthys* du dévonien ont marqué le summum de divergence auquel leur type devait atteindre. Ils ne pouvaient donc plus produire de formes nouvelles... Il se pourrait que la moindre longévité des genres qui, dans leur classe, pré-

---

(1) On sait que le darwinisme repose tout entier sur la sélection naturelle, et que la sélection naturelle a pour effet d'accumuler dans une même direction une première variation donnée, c'est-à-dire d'accroître de plus en plus l'appétit correspondant.

(2) *Les enchaînements du monde animal, mammifères tertiaires*, p. 243.

sentent le plus grand perfectionnement, ait eu quelquefois sa cause dans ce perfectionnement même. La force de longévité des êtres inférieurs réside en partie dans leur faiblesse; ils nous rappellent la fable du chêne et du roseau » (1).

« Quand les insectes carnassiers, remarque M. A. Coutance, ont diminué le nombre des individus frugivores dont ils se nourrissent et sur lesquels ils ont une supériorité d'armure incontestable, il arrive qu'ils meurent de faim. Les insectes frugivores respirent, et leur race opprimée refleurit » (2). Et plus loin (p. 199) : « Parmi les plantes, celles qui sont vraiment conquérantes ne sont pas de grands arbres, mais des formes chétives, la mauvaise herbe, comme on la nomme justement. Dans un même genre, les espèces de petites tailles sont plus répandues que les autres... Les synanthérées arborescentes n'ont pas l'expansion des plus humbles. Comparez entre elles les familles végétales au point de vue de la diffusion et vous verrez que les mousses, les lichens et les champignons sont plus répandus et peuvent lutter en tout pays avec plus d'avantage que les grandes espèces des mêmes groupes ».

« Quand, dit M. d'Archiac, on étudie les espèces d'un genre qui a traversé les divers étages d'une formation, ou même plusieurs formations successives, on ne voit point que les dernières espèces soient nécessairement plus parfaites, plus belles, plus fortes que les premières. L'ordre du monde organique ne saurait être le résultat de la victoire du fort sur le faible. Nous ne voyons nulle part des preuves de ce matérialisme et de ce fatalisme combinés, aboutissant à la négation de toute intelligence directrice » (3).

« Si ce qu'on a appelé la lutte pour la vie, écrit enfin M. de Nadaillac, avait été la cause principale de la destruction ou de la survivance, il semble que les plus aptes auraient seuls dû persister; si ce sont les conditions biologiques qui ont agi, il est plus difficile encore d'expliquer pourquoi leur action s'est

(1) *Fossiles primaires*, p. 298 et 299.
(2) *La Lutte pour la vie*, p. 155.
(3) *Cours de Paléontologie stratigraphique*, p. 75.

surtout exercée sur les êtres les plus fortement constitués.
« Les gigantesques ptérygotus, dit M. Ed. Perrier, ont disparu,
tandis que les insectes pullulent; les énormes orthocères, les
puissants ancylocéras sont anéantis, tandis que les poulpes sub-
sistent. Les alantosaures, les iguanodons aux proportions colos-
sales ont laissé la place aux oiseaux et aux mammifères de bien
plus modestes dimensions, et parmi ces derniers, on voit
s'éteindre d'abord les géants ». Le dinothérium, dont nous avons
dit les proportions, paraît un instant, pour disparaître presque
aussitôt. Le machairodus, le redoutable carnassier du quater-
naire, disparaît plus rapidement peut-être encore. Il en est de
même de l'ichtyosaure avec ses dents pointues, son cou raccourci,
son corps massif, sa peau nue, ses pattes de devant en forme
de rames. Les reptiles volants finissent brusquement en Amérique comme en Europe, au moment où ils ont atteint leur plus
grande puissance » (1).

Mais veut-on des faits plus probants encore et bien caractéristiques, qu'on lise ce qui suit :

« M. de Lacaze, dit un compte rendu de l'Académie des
Sciences de 1863, a rapporté de ses voyages une solution telle
que l'Académie en reçoit rarement aux problèmes posés par elle.

» L'Académie sait que le nombre des espèces d'animaux,
agrégés ou soudés, vivant dans la mer est très considérable. On
comprend que la dissémination de ces espèces, livrées entièrement au hasard, doit souvent rapprocher des colonies de genres,
de classes et même d'embranchements différents. Or la force
de propagation, ou mieux de multiplication des individus, dont
elles sont animées, est entièrement aveugle : la volonté n'y entre
pour rien. Il résulte de là que quand deux colonies voisines
viennent à se rencontrer, elles luttent fatalement l'une contre
l'autre, chacune tendant invinciblement à empiéter sur sa voisine. Si la force d'expansion est égale des deux parts, les deux
colonies continuent à croître en s'adossant l'une à l'autre. Mais
presque toujours, il en est une qui l'emporte : alors elle passe
sur la plus faible et la recouvre.

(1) *Le problème de la vie*, p. 172 et 173.

» Mais la force d'expansion dont il s'agit ici... *s'affaiblit par son exercice même* chez la colonie *victorieuse.* La colonie vaincue, au contraire, semble acquérir une énergie nouvelle à mesure que de nouveaux empiétements rétrécissent de plus en plus son domaine. Il en résulte qu'au bout d'un certain temps les rapports deviennent inverses, et que la colonie qui avait d'abord cédé du terrain, en reprend à son tour, c'est-à-dire qu'elle recouvre ou détruit celle qui semblait devoir la faire disparaître.

» Le corail présente parfois de curieux exemples de ces alternatives dans lesquelles se manifeste si nettement la lutte pour la vie, le *struggle for life* de Darwin (avec cette différence toutefois, et la remarque est capitale, que ce n'est pas l'être, ou la colonie, tout d'abord victorieux qui l'emporte définitivement, mais bien celui qui, au premier moment, paraît vaincu et plie sous la tyrannie du plus fort ou du plus apte, ce qui est juste le contraire de la théorie darwiniste). Ainsi qu'un bryozoaire vienne, encore à l'état de larve, se fixer sur un pied de corail, il se multiplie d'abord, détruit l'écorce vivante de celui-ci dans une certaine étendue et s'étale à la surface de l'axe calcaire mis à nu. Mais au bout d'un certain temps, sa force blastogénétique s'épuise, celle du corail grandit, le sarcosome envahit à son tour les loges du bryozoaire, sécrète de la matière calcaire et l'étranger se trouve englobé dans le polypier qu'il avait envahi. Des faits de même nature se produisent quand les balanes, par exemple, se fixent sur un pied de corail. D'abord elles ont le dessus et détruisent le sarcosome, mais celui-ci, bourgeonnant de nouveau, les recouvre à son tour, les revêt de la matière solide du polypier, et ainsi se forment ces *tulipes* que les marchands vendent fort cher aux amateurs ».

Mais était-il donc nécessaire de faire de si minutieuses recherches pour en arriver là? Et ne savions-nous pas déjà que « les premiers seront les derniers » et que « Dieu a choisi les choses faibles du monde pour confondre les fortes? » (1). Ne savions-nous pas — et c'est là le chant de triomphe de l'humilité

(1) Première épître de Paul aux Corinthiens.

·et de la faiblesse brisant sous son pied virginal la force orgueil-
leuse des choses — que les grands seront humiliés et que les
petits seront exaltés? Et n'était-ce pas là aussi ce que Isaïe
prophétisait lorsque, réfutant d'avance le darwinisme, il s'écriait:

> Malheur à toi qui ravages, et qui n'a pas été ravagé !
> Qui pilles et qu'on n'a pas encore pillé !
> Quand tu auras fini de ravager, tu seras ravagé;
> Quand tu auras achevé de piller, on te pillera.

Enfin n'est-ce pas ce que nous enseigne la morale lorsqu'elle
nous invite à résister à la passion du moment, à la résorber, et
non pas, comme le veut l'idée païenne, devenue aujourd'hui
l'idée laïque, à en faire la source d'un progrès indéfini, c'est-à-
dire à la diviniser (1).

On le voit donc, il y a pleine contradiction entre deux doctrines, dont l'une voit dans un premier élan ou dans un premier
succès le gage assuré d'un triomphe définitif, tandis que l'autre
affirme que l'obstacle fortifie l'être dont il limite l'activité organique, et proclame que toute activité abandonnée à elle-même,
non seulement n'est pas la source des êtres ou des organes plus
complexes qui suivront, mais ne tarde pas, en se fixant nécessairement et définitivement dans la direction originelle et en
se spécialisant à l'excès, à se détruire par son propre jeu (2).

(1) C'est là l'essence même de la méthode matérialiste et positive.
Ayant *a priori* l'horreur du sacrifice, elle ne peut pas plus admettre
que le progrès a pour condition un recul des choses ou des tendances
déjà existantes, qu'elle ne peut songer à chercher dans une destruction
atomique la cause de l'affinité ou de l'attraction universelle — affinité
ou attraction universelle sans lesquelles le monde cesserait d'exister.
Tout naturellement elle doit donc supposer que la meilleure manière
d'atteindre à l'esprit, c'est de donner libre cours à des instincts natifs,
et que si les corps s'attirent, c'est qu'ils possèdent une vertu attractive.

(2) Il est bien entendu cependant que la vie pourra se maintenir plus
ou moins longtemps chez un être en rupture d'équilibre ou chez ses
descendants, mais il n'en reste pas moins vrai que, si insensible soit
la perte de vitalité qui résultera de l'accroissement demesuré, de
l'égoïsme d'un instinct ou d'un organe défini, la diminution de la puissance vitale, due à l'atrophie des autres organes, suivra une progression
continue. L'espèce finira donc nécessairement par s'éteindre; et cela
d'autant plus rapidement que, libre de se développer sans entraves dans
une direction donnée, c'est-à-dire capable, en s'appuyant sur une force

Et on comprend alors comment, tandis que l'esprit humain
livré à lui-même, modèle tout naturellement ses théories sur
cette loi de la pure nature, sur cette loi *naturelle* qui veut qu'une
fois l'équilibre perdu au profit d'un appétit, d'une caractéristique, d'un organe ou d'un être autonome, cette rupture d'équilibre tende constamment à s'accroître et à se prolonger toujours
dans le même sens, transformant ainsi peu à peu l'être un instant

brutale, de passer outre à tous les obstacles accumulés sur sa route,
elle se sera davantage différenciée. Les sots chanteront victoire; ceux
qui savent lui prophétiseront une ruine prochaine.

Et ceci montre qu'il existe deux sortes de progrès, tels que chacun est
la négation de l'autre, mais tel aussi que chacun ne peut avoir lieu
sans l'autre : l'un partiel et rapide qui, n'étant que le développement
momentané de tel organe ou le libre exercice de tel instinct, conduit
fatalement l'être à la mort au bout d'un temps plus ou moins long
(voyez la note 2 de la page 84), l'autre synthétique et lent qui, réfrénant
à tous moments l'égoïsme de l'organe ou de l'appétit prédominant,
accroît, par des échanges réciproques, la vitalité de l'être et le pousse
vers une vie de plus en plus haute; l'un essentiellement passager et
divergent, qui a pour support l'égoïsme destructeur d'un appétit spécial
de l'être synthétique, lequel toujours prêt à accaparer, pour bondir
d'emblée jusqu'au sommet de ses aspirations, toute la vitalité de l'être
en soi — qui, lui, a besoin, pour constamment se refaire, de tous ses
organes, — s'obstine à vouloir faire graviter l'être total, univers
cosmique, organisme vivant ou corps social, autour du point excentrique
à la ruine, l'autre lent mais continu qui — *sans se laisser jamais
entraîner lui-même à la remorque de tel ou tel organe momentanément
plus fort, de tel ou tel fait saillant ou de telle ou telle faction remuante,
sans aller, par lâcheté, du côté du fort pour opprimer le faible, sans
enfin mettre sa puissance vitale au service d'appétits personnels toujours
enclins à en abuser pour satisfaire leur moi assoiffé d'égoïsme* — vivifie
tous les organes de l'être et tire de l'organe, du fait ou du parti
désagrégé ou *contenu*, la vie, l'idée ou l'harmonie sociale; l'un encore,
violent, vif, passionnel mais sans durée et purement superficiel, qui,
après avoir atteint plus ou moins vite son maximum, finit par s'intoxi-
quer lui-même, privé qu'il est du tourbillon vital chargé d'éliminer
ses déchets, et, au moment même où, formidable dans son élan analytique, c'est-à-dire dans sa tendance monstrueuse vers l'animalité, il
menaçait de tout immoler à son brutal et tyrannique désir, s'écroule
sur sa base, ensevelissant sous les débris de son éphémère triomphe
les parasites accrochés à ses flancs, l'autre qui, assez maître de lui
pour résister à l'attrait du moment, contraint le cycle vital à abandonner momentanément l'organe le plus gorgé de vie et à faire un
tour complet sur lui-même, c'est-à-dire à venir nourrir tous les autres
organes de l'être, avant d'apporter à nouveau une vie accrue au

vivant ou en voie de le devenir en une activité analytique qui déclinera à mesure que sa caractéristique, son instinct prépondérant s'exagérant, tous ses autres organes s'atrophieront ou seront mis dans l'impossibilité de naître (1), la loi de l'Esprit, c'est-à-dire, à tout prendre, la loi créatrice et par là divine et surnaturelle — ou plus exactement encore anti-naturelle — met en œuvre des moyens entièrement différents (2). Bien loin de prêter son appui à l'être ou à l'organe saillant, bien loin qu'elle

premier ; l'un enfin qui est l'œuvre d'un organe, d'un être ou d'un tyran toujours prêt à sacrifier à son éphémère existence l'organisme vivant ou le corps social tout entier, l'autre qui est l'œuvre d'une doctrine essentiellement pitoyable, dont l'âme amoureusement penchée vers les petits et les opprimés, entend qu'ils aient leur part à la vie commune, et sait faire face au besoin aux attaques d'une sophistique aux abois comme à l'égoïsme des grands. Et, pour tout dire d'un mot, l'un qui éclate violemment dans le domaine des choses tangibles et a tôt fait de captiver l'attention du badaud — d'où le grand rôle qu'il joue dans toutes les conceptions humaines, — mais n'est que le développement anormal d'une certaine partie de l'être ou d'un certain parti du corps social, l'autre qui, sortant lentement des contingences morbides ou des rivalités locales, est le développement pondéré et harmonieux de l'ensemble.

(1) Voyez la page 130, deuxième alinéa.

(2) Il semble bien qu'une certaine psychologie, qui jusqu'à aujourd'hui s'était obstinée à considérer l'association des idées comme le déroulement *continu* de chaînons nécessairement liés entre eux et tels que, quand un terme apparaît, un autre terme qui lui est intimement lié doit apparaître à son tour, commence pourtant à quitter la méthode purement prolongative, juxtapositive de l'Ecole écossaise, pour comprendre enfin que « cette théorie n'est nullement adéquate aux faits nombreux que l'on observe ». « Je prouverai, dit M. H. Piéron, que l'association ne suit pas dans son déroulement une chaîne unique, *qu'elle revient en arrière*, après avoir atteint des impasses (après s'être épuisée, pourrait-on dire encore), se rattacher à des termes antérieurs plus ou moins éloignés, et que par conséquent la théorie de l'enchaînement associatif, décidément inadéquate, doit laisser place à une autre hypothèse, à un autre langage (*Revue philosophique*, mai 1904).

Souhaitons tout d'abord que M. Piéron ne soit pas pris pour un réactionnaire et, au nom de « la Science », expulsé *manu militari* du monde de l'esprit; puis, ceci dit, rappelons que la théorie cosmogonique que nous avons ébauchée au premier chapitre repose tout entière sur ce principe.

C'est en effet, après s'être tout d'abord engagée dans des impasses, et par une sorte de recul, c'est-à-dire après avoir dissocié les éléments trop matériels venus déjà à la réalité que l'énergie capable du monde excite l'instinct prépondérant, exalte la passion du moment, ou encense le dieu du jour, elle ne songe — quitte à n'être qu'un objet de haine pour tout ce qui tend à perdre définitivement l'équilibre, c'est-à-dire à retomber dans l'animalité — qu'à réprimer cet élan égoïste qui, après avoir raidi et matérialisé l'être à l'excès, le mettrait nécessairement aux prises avec des forces brutales qui finalement le détruiraient. Force essentiellement surnaturelle, elle s'oppose en un mot à ce que la partie momentanément la plus avantagée, la plus apte à se développer, la plus gorgée de vie, prenne définitivement le dessus, et, en sacrifiant le tout à son activité locale et excentrique, tarisse du même coup la source de la vie.

Or, pas n'est besoin de bien longs discours pour montrer que nous nous trouvons ici en face de l'éternelle lutte entre la partie, *toujours visible*, et le tout, *toujours invisible*, c'est-à-dire entre la matière et l'esprit, entre la spécialisation et la vérité totale, entre l'animal et l'idée, entre l'instinct et la pensée, entre le mal et le bien, entre la mort et la vie, entre le temps et l'éternité, et pour prouver que, par toutes ses tendances, l'humanité déchue et penchée vers la chair, c'est-à-dire vers les parties *tangibles* de l'être dont le tout, cœur ou pensée, lui demeure le plus souvent indifférent, est, un peu comme le monde cosmique (1), en pleine révolte contre une loi qui, en définitive, n'est autre chose que la loi morale, c'est-à-dire l'art de vivre pleinement et d'être immortel.

Insister serait donc inutile, et il nous suffira de rappeler en terminant que cette erreur, qui consiste à prendre la partie pour le tout et à croire que la partie contient en puissance le tout,

matériel a progressé et a finalement donné le jour à des êtres organisés. (Voyez la page 5.)

La loi est donc toujours la même, qu'il s'agisse du passage de l'inorganique à l'organique, de l'animal à l'homme ou d'une idée à une idée plus complexe. Et elle peut s'exprimer en disant que tout ce qui tend vers la complexion a pour condition un recul ou une dissolution du déjà visiblement existant, tandis que tout ce qui va se simplifiant est un développement, une progression du déjà visiblement existant.

(1) Voyez la note 1 de la page 65.

est commune à tous les temps comme à toutes les branches du savoir humain (1).

Et là est la raison pour laquelle, si l'on s'est laissé hypnotiser soit par une matérialité facile à saisir, soit par les types ou les organes saillants du monde organique, on a aussi, dans la critique historique, prêté surtout attention à ce qu'on a appelé les grandes époques de l'histoire, prenant ainsi, sans s'en douter, pour la racine du progrès ce qui n'était qu'une production monstrueuse, qu'une feuille divergente bien en vue mais en soi stérile et demain morte, qu'une émanation ultime, mais sans vie, d'un état de choses en complète rupture d'équilibre et en pleine décrépitude.

Et voilà justement pourquoi Victor Hugo avait trop raison quand, traduisant le *Magnificat* en ces strophes qui à elles seules contiennent tout le mystère des choses, il s'écriait :

> Bien souvent Dieu repousse
> Du pied les hautes tours;
> Mais dans le nid de mousse,
> Où chante une voix douce,
> Il regarde toujours.

(1) Ce serait peine perdue de nous attarder à montrer que, aujourd'hui plus que jamais, chaque spécialiste absorbé dans la contemplation de tel phénomène particulier entend greffer sur sa spécialité et faire graviter autour de son canton la vérité totale. Bien loin qu'il songe à émonder cette divergence de son esprit qu'est toute spécialisation — divergence d'ailleurs tout d'abord nécessaire pour que sa pensée naissante puisse prendre un premier point d'appui — bien loin qu'il consente à *sacrifier* la moindre parcelle de ses vues analytiques afin de ramener la sève plus bas et de lui permettre de reprendre son circuit vital accumulé à une extrémité de l'être, il ne pense qu'à exalter ce kyste de son esprit qui va le détruire. Transformer l'univers entier en la formule passionnelle qui, à cette heure-là, le caractérise, tel est son seul but. Triomphe-t-il, le kyste grossit mais l'être meurt. Il a cru produire un système, il a engendré la mort et la stérilité. Il a cru enfanter l'esprit, il a mis au monde une exaltation délirante.

Et, pour prendre un exemple banal, de même que si le tas de sel dû à l'évaporation des eaux s'affirme et grossit en même temps que, la mer se desséchant, la vie qu'elle portait dans son sein disparaît, de même, à mesure que le spécialiste se spécialise davantage, il s'éloigne de l'esprit dont la caractéristique fondamentale est l'universalité.

O ma fille, âme heureuse,
O lac de pureté
Dans la vallée ombreuse
Reste où ton Dieu te creuse
Un lit plus abrité.

Sois humble ! que t'importe
Le riche et le puissant !
Un souffle les emporte.
La force la plus forte
C'est un cœur innocent.

TABLE DES MATIÈRES